NBeer Bible--THE Ultimate Guide to Everything Craft Beer

中原农民出版社
·郑州·

图书在版编目（CIP）数据

牛啤经：精酿啤酒终极宝典 / 银海著.—郑州：中原农民出版社,2015.12（2021.12重印）
ISBN 978-7-5542-1346-9

Ⅰ.①牛… Ⅱ.①银… Ⅲ.①啤酒酿造 Ⅳ. ①TS262.5

中国版本图书馆CIP数据核字（2015）第299412号

银海 著

出 版 社：中原农民出版社
地　　址：河南省郑州市郑东新区祥盛街27号7层
邮　　编：450016
电　　话：0371-65788656
发行单位：全国新华书店
承印单位：河南省诚和印制有限公司
开　　本：710mm×1 010mm　　1/16
印　　张：18.5
字　　数：210千字
版　　次：2016年3月第1版
印　　次：2021年12月第7次印刷
书　　号：ISBN 978-7-5542-1346-9
定　　价：68.00元

目录

致谢

这本书从初有想法到付诸文字，再到诞生，在这个漫长的过程中，有太多的人需要感谢，我觉得我是一个无比幸运的人。

首先想感谢本书的编辑王学莉女士，是她早在四年半前就给了我出书的建议，并且一直坚持对精酿啤酒和对我的信心，这也是我四年前就开始动笔的最大动力。

感谢Joerg Corsten对本书中图片所做的大量工作，作为一个比我有更严重酗酒问题的酒鬼，花出如此多的时间处理本书的图片，实在难能可贵。

我想感谢我以前的公司，特别是我的导师Adam Glibbery，以及Oliver、Morton、Grant等领导们。了解的公司越多，越觉得在一个如此人性化的公司工作过，特别是在中国，是多么幸运。没有一个如此先进的公司，如此宽松的环境，如此多才多艺的同事，我不可能完成一个如此大的转身，更不会有本书的诞生。

我想感谢在国外工作期间所有陪我喝酒、教我酿酒的朋友们，Sean、Martin、Donal、在善……没有你们，我不可能那么早就接触和学习到精酿啤酒。

我想感谢我最早的合作伙伴Jacob Wickham，一个典型的美国啤酒疯子，没有他的启发和鼓励，我也不会做出北锣鼓巷那个传奇的酿酒屋，并在后来开始专业的啤酒酿造生涯。美式精酿啤酒红遍全球，这些无私的疯子们，都是最好的传道者。

我想感谢牛啤堂的合作伙伴，也是本书封面的设计者，中国最有名的啤酒疯子之一，小辫儿同学。他是我见过的最为啤酒痴狂、最为啤酒专注的人，不疯魔不成活，在他身上得到了最好的诠释。

感谢高岩，作为第一个在中国推广精酿啤酒的中国人，他带来了中国内地精酿啤酒的第一粒火种，若没有现在全国各地即将燎原的火苗，这本书也没有了发行的土壤。

感谢以李威、李光头为代表的中国民间啤酒爱好者们，是他们在各地辛勤地组织协会，狂热地推广精酿啤酒，将全国各地的草根爱好者们团结在了一起，掀起了这股精酿啤酒的风暴，让这么多人可以愉快地以精酿啤酒为生。

我要感谢这几年所有投身精酿啤酒行业的人，他们有的是为了理想，有的是为了事业，有的是为了赚钱养家，但无论如何，他们是中国第一批精酿啤酒的先驱者，是他们的合力，形成了这股在中国别的行业几乎前所未见的纯草根风暴！这是我们每一个人的骄傲。

更要感谢做啤酒这几年来认识的众多好伙伴，好基友和好酒友们，是你们让我觉得啤酒生涯如此多彩，是你们让我一路愉快地走到今天。

感谢我的家人，特别是银溪，没有你们，也许这本书早就出来了，但正是因为有你们，这书才有可能出来，你们为中国精酿啤酒做了件大好事！

最后，我要感谢我自己，作为一个患有严重拖延症的酒鬼，最后竟然真能憋出一本二十几万字的书出来，我不得不为自己手动点个赞！

银海

公元二〇一五年季秋

自序　我和《牛啤经》的故事

我是个酒鬼，常见的说法就是自幼酗酒。小时候，每当有一些“上档次”的饭局的时候，父亲就会带上我去吃点好的。那种酒局，你们都懂的，各种干杯，各种喝趴下。耳濡目染，我从小就对酗酒这项运动产生了极大的兴趣。

上学以后，从中学到大学，从大学到研究生，酒量一直见长，酒也越喝越多，也得亏爹妈生得智商还行，考试还一路顺利。上学时还痴迷足球，到后来从下午踢球到晚上，从晚上喝酒到天亮，成了常态。

酗酒生涯在我工作以后发展到了极致，因为终于没有了学业的压力，工作还不错，有了一些闲钱，最重要的是，公司是个极其人性化管理的外企，时间很灵活，并且奉行世界上所有正常公司都奉行但在中国公司里却极其难得的政策：不鼓励加班。所有的这些因素加在一起，更让我向酗酒酗出高水平的道路上大踏步地前进了。

当时我住在号称宇宙中心的五道口，这里是北京年轻人最聚集的地方之一，也是派对人群最多的地区之一。很多在北京夜生活历史上小有名气的酒吧、club和livehouse都曾在这里。从这里的Zub、D22、Lush出发，到西海的Obiwan，到当时还很冷清的南锣鼓巷，再到三里屯的青年、Kai吧，再到北京工人体育场著名姻缘圣地密克寺，再到好运街的白兔等，这些适合一帮无处释放荷尔蒙的年轻人瞎玩儿的地方，都留下了我狂欢后烂醉如泥的身影。

那时喝酒是不分平时和周末的。我记得工作后不久就有一天，我参加派对喝酒到凌晨五六点钟，回家直接趴在床上就睡，但当天早上碰巧有一个很重要的会议必须参加，闹钟一响啥都来不及，只好带着浑身酒气直接跑去公司。开完会，领导特意叫我留下来，语重心长地说：银海，咱们公司不反对员工喝酒，希望你有丰富的业余生活，但你也不能大清早就喝成这样啊，这就过分了。

那时喝酒，以啤酒为主，配以各种劣质烈酒、调酒，因为喝酒只是为了酒精，为了派对，为了嗨，而当时的北京，也根本没多少好酒，更何况普通酒吧。

真正给我的酒精观带来改变的，还是在国外的经历。

因为工作的关系，我几乎每年都需要去爱尔兰，少则数周，多则数月。爱尔兰是个典型的发达小国，整个国家就是个大公园。我最喜欢的是那里的人酷爱运动，而且酷爱酗酒，酗啤酒，和我的爱好完美契合，我不得不感慨我人品之好，并迅速地喜欢上了那里，开始了对它的探究。

所谓的探究就是泡吧。在那里，有人的地方就有酒吧，所有人有事没事都会去喝两杯，我也一样，工作之余就待在酒吧里。但我慢慢地发现那里有一些酒吧，会不太一样：除了所有人都知道的那些啤酒外，它们还会卖一些我从没听说过的啤酒。但我当时从没想过别的：喝啤酒嘛，当然是喝百威、喜力、嘉士伯这样的大品牌，这么先进、国际、大型的公司，啤酒当然是最好的！

我至今都记得，直到有一天，我坐在吧台，喝着我的喜力，看旁边一个老头儿点了一瓶啤酒，这酒竟然是倒进类似红酒杯的杯子里的，更奇怪的是，这老头儿举着酒杯，竟然对着灯光看，看完了对着酒嗅，颇为享受的样子，然后心满意足地慢慢喝起来。当时我有点傻掉了：他点的不是啤酒吗？啤酒品什么品？！

作为一个有强大工程师背景的酒鬼，怎么能不去探究这背后到底是什么原因？我开始大量地学习，做功课，认识当地的啤酒爱好者，参加当地的啤酒聚会，这才发现，原来啤酒的世界是如此广博和多彩，原来自己喝了这么多的啤酒，差不多是白喝了！

运气更好的是，我当时的邻居，竟然就有当地的家酿啤酒爱好者，于是就更抓狂了，这玩意儿竟然还能在家里酿？！酿出来还能这么好喝！这项活动，简直就像是给我量身定做的嘛！

区区几百万人口的爱尔兰在西方远远算不上精酿啤酒大国，但就这样的地方，哪怕是个几万人的小镇里，也能找到专业啤酒酒吧，出售世界各地的数百种精酿啤酒。而当时的中国，包括北京，还基本就是啤酒沙漠，不要说本土精酿啤酒和家酿啤酒了，就是进口精酿啤酒，都少得可怜，只有在很少的地方能看到。所以每次去爱尔兰工作，对我来说都像是一次度假，我开始大量地、有目的地喝各式啤酒，做各种啤酒功课，看各种啤酒图书，向当地发烧友进行各种学习，并且尝试自己的家酿啤酒。而我学习得越多，接触得越多，越发现啤酒世界的无边无际，越是激起我彻底去了解它的欲望，却发现，这是根本无法完全实现的事情，但每一点的收获，都会让人开心不已。

到了2012年1月，已经蠢蠢欲动的北京，终于迎来了精酿啤酒的元年。当时一个叫杰克的美国人，在网上振臂一呼，说北京的家酿啤酒爱好者一起聚聚吧，于是，在1月一个寒冷的晚上，也许是当时京城仅有的十个家酿啤酒爱好者聚在了一起。不出所料的是，只有一个姑娘，是个俄罗斯妹子，剩下九个男酒鬼中，七个美国人，一个爱尔兰人和一个我（家酿啤酒在美国之普及，可见一斑）。可以说，国内各地现在各式各样的草根精酿啤酒活动的第一次聚会，就是这一次了。

当时的我早已彻底钻进了啤酒的世界，为了专心酿酒，专门去胡同里找了间小平房，改造成酿酒屋，也不对外，就是在里面和朋友们自娱自乐。就从那时起，结识了更多志趣相投的朋友（其实就是酒友），包括后来牛啤堂的合作伙伴，著名的啤酒疯子小辫儿。

其实2012年年初的时候，特别在北京、上海这样的地方，已经开始出现了一些啤酒爱好者和家酿啤酒发烧友，南京的高岩同学在2011年出版的国内第一本家酿啤酒教科书《喝自己酿的啤酒》是其中最大的助力。但也许是文化和语言的原因，也许是习惯的原因，以外国人为主的啤酒聚会，中国人还是有距离感，于是，国内第一个中国人自己的民间家酿啤酒和精酿啤酒协会，在2012年4月，诞生了。次月，协会就参加了中国境内首次自酿啤酒比赛，二十多名家酿啤酒爱好者带去了几十款家酿啤酒。不太意外的是，我的家酿啤酒包揽了前三名：那个时候，除了我，基本都是新手。

接下来的事态根本就超出我的控制，精酿啤酒运动在国内迅猛地发展了起来，我也越陷越深，逐渐“沦”为一个专业酿酒师。

在北京护国寺成立牛啤堂的初衷，就是和伙伴们一起做一个啤酒疯子的梦想之家，我们想通过牛啤堂，把精酿啤酒的精神、文化，当然还有产品本身，推广到更多的地方，介绍给更多的国人，至少在啤酒方面，推动中国变成一个像啤酒大国一样美好的地方，同时自己还能赚到更多的钱继续嗨酒。每次想想就激动不已。

不过国内推广啤酒最大的障碍，还是啤酒文化上的荒漠性。从民间到官方，甚至到工业界和相关学术界，至少在两三年前，对精酿啤酒的了解几乎为零，相关的中文资料少得可怜；很多消费者同样对啤酒有极大的误区，持天然的排斥态度。国内独特的啤酒历史，也造成很多啤酒爱好者对子虚乌有的所谓“德式啤酒”的盲目认可。而国内严峻的食品安全问题，也让很多不明白啤酒生产工艺的消费者有了很多不必要的担心。所有的这一切，让我意识到，推广精酿啤酒需要从基础开始，从教育最普通的消费者开始。

但问题是，啤酒是个传统产业，在很多国家和地区甚至是个夕阳产业，在国内也早已变成个资本的游戏，大量的外资早就大举进入中国占领了这个传统的大资本产业。但精酿啤酒却是一个新的不能再新的行业，就算在美国也就是二三十年历史，在大多数其他发达国家也就是这几年、十几年的事儿，我们中国更是在几年前才开始有了苗头。国内的专业人才奇缺，相关的普及性也好，专业性也好，各方面的资料、文献和书籍，都近乎零。

精酿啤酒相关的英文资料和出版物在国外其实早已铺天盖地，各种类型都极大丰富，我甚至有一本教你如何在自家花园种好酿酒大麦的书，但对大多数国人来说，一是语言障碍，二是国内网络使用的不便，导致国外啤酒资料传播不畅。有一些翻译的书籍，因其翻译得不专业性，也导致了普及度较低。

国内现在也有了一些关于啤酒的中文资料，比如现在网上和很多公众号里就有了很多关于啤酒的文章，有不少有意思且专业水平很高的内容。但网上文章一是不成体系，二是质量良莠不齐，个别甚至东拼西凑一顿瞎抄，看起来会让人很迷惑。也有了一些中文出版物，但主要是一些翻译国外或台湾等地区华人的作品。

所以我写这本书的时候，我的原则，一是一定要从一个中国大陆人的视角来介绍精酿啤酒，因为我们大陆特有的啤酒文化与历史，造成我们关注啤酒的焦点和适合我们的切入点，与别人是不一样的，得用一个独特的角度和方向来介绍啤酒。比如在第1章中，首先从大多数国人的误区入手，把啤酒多样性的概念强调进来。在第3章中，不管是品啤酒的方法，还是挑选购买啤酒的方法，还是啤酒与美食的搭配，都有强烈的中国特色。第4章更是为国人特设的，酒与健康，这个影响精酿啤酒在国内普及的最大障碍之一，被我一脚踢得粉碎。

第二个原则就是要特别以一个精酿啤酒专业人士的角度去介绍这个东西，比如本书中介绍的几乎所有啤酒风格，我都自己成功地酿造并销售过，我个人认为也都达到了各个风格该有的国际级水平，我相信我对这些酒会有更多更深的感受，但更重要的是，关于精酿啤酒最重要的东西，却是酿造本身之外的，因为它是一种文化，一种从下至上、由内而外的创新，它颠覆了关于传统啤酒行业的一切，从啤酒定义，到命名、包装、生产、推广和销售，所有的方方面面。而这些，正是作为第一代精酿啤酒人深有感触的东西。

我希望，这两个写作原则会让此书成为一本独一无二的精酿啤酒普及书，我推荐给所有的啤酒爱好者、发烧友和啤酒专业人士。我希望这本书能真正为中国的精酿啤酒事业添砖加瓦。要知道，精酿啤酒对本土化的文化需求，意味着这是一个可以真正赶英超美的行业。在现在的这个草根革命中，每一个爱好者，和每一个啤酒从业人员一样，都是重要的一员。一起努力，也许真的有一天，像我做过的白日梦一样，当我们在北京夏日鼓楼大街上撸脏串的时候，也能用世界顶级的国产皮尔森漱口；当我们在波士顿高档西餐厅看酒单的时候，也能看到中国精酿啤酒的身影。多么美好的世界！

来，干杯！

2015年9月

序一

马伯庸
著名作家　著名精酿啤酒发烧友

酒文化在中国源远流长，饮酒是一件风雅而有格调的事。近代之后，西学东渐，啤酒传入中国，迅速传遍全国，但却从来没享受过应有的待遇。

在大部分国人的认知里，东方有白酒，西方有红酒，一东一西，这两种酒文化底蕴深厚，格调昭然高远。至于啤酒，大家始终觉得是一种上不得台面的酒精饮品，只合在市井厮混，没什么格调可言，更谈不上什么文化，随便喝喝罢了，口味都差不多。

这是一个令人叹息的误解。

啤酒并非小道，绝不是“快餐酒精饮料”一个单薄的标签可以概括。事实上，精酿啤酒的历史虽不长，但却承载着深厚的文化背景，博大精深的技术演化，口味变化多端，个性十足。其中门道之多，比起其他酒类来说，不遑多让。

在西方，无数的精酿啤酒拥趸在自己的酒厂里钻研、在自己的车库里DIY、在酒吧里和同好分享、切磋——这已经完全超越了饮料的定义，变成了一种雅而不奢、极而不宅的生活方式。

可惜这个精彩纷呈的世界，一直以来却和中国绝缘，一道沉重的偏见帷幕横亘其中，等待着先行者们去掀开。

这本书的作者银海是个最纯粹的喜欢精酿啤酒的人，但又不仅仅只是一个粉丝。他不止一次跟我说，希望自己能变成一个向导，为更多的朋友揭开啤酒世界的一角，扭转他们的误解，引导他们去探索，把一种生活方式传递进来。当有越来越多的人了解到其中妙处并投身进来时，细小的溪流会汇成江河，江河会聚成大海，精酿啤酒文化就会彻底融入中国，建构起属于中华独有的啤酒文化。

这是一个了不起的理想。他说这些话的时候，双目放着光芒。

这，大概就是他动笔写这本书的原初动力。在这本书里，银海从精酿啤酒的ABC开始说起，定义、类别、品味方式乃至世界各国的精酿概况，事无巨细，娓娓道来，真的就像是一位称职的导游，引导着读者一步步深入，漫游神奇的啤酒王国。

特嘱为序，祝愿银海和其他中国精酿啤酒的先行者们能掀动帷幕，让同好们可以尽情领略那个世界的无限风光。

在翻开阅读之前，来，先干一杯。

2015年10月

序二

王睿
成都丰收精酿创始人　酿酒师

我之前是一个电子音乐人，酒吧是我的职业岗位。2005年以前，在国内几乎喝不到进口啤酒，我同大家的认识是一样的，啤酒就是一个味道。

大概在2006年，我被一个朋友邀请，喝了一杯德国原装瓶内二次发酵小麦啤酒，当时就震惊了，原来啤酒还有水果的味道，啤酒的泡沫还可以这么丰富，啤酒还是浑的……

随后的几年里，进口啤酒在国内销量逐年翻番，而且品种越来越多，我也从单一地认为德国啤酒最牛×变得更喜欢多元化选择，从比利时，到英国，到美国……似乎每款酒都有自己的个性，我也会随兴选择一款啤酒搭配我的心情。不过，毕竟是进口货，价格不便宜，随着我的酒量越来越大，啤酒的消费显得力不从心了……再后来我便思考一个问题，为什么没有中国的啤酒厂生产这样的啤酒？我们能不能生产这样的啤酒，质量高却又价格合理？于是我跑了一下中国的一些小型啤酒厂，结果大失所望，他们不仅不酿造这类啤酒，也对这类啤酒没有兴趣。

不过，机缘巧合，我认识了一个美国人，他给我品尝了他在家酿造的啤酒，也教会了我如何在家酿啤酒，于是我开始实验性地在家酿造。后来我遇到银海、高岩等朋友，大家把力量拧了起来，中国精酿啤酒就这么开始了。

在国内，精酿啤酒已经发展几年了，已经由一颗种子发展到小芽了，但对于大部分国人，还是对这个行业里的这群人不了解。我也经常被别人问道：你是做啤酒的？你是学这个专业的吗？答案是：我是学计算机的，玩了10年的音乐，现在做啤酒……你们的工艺是德国的吧？我们学习了德国的一些工艺，但现在基本上是自己的方法……做啤酒需要很好的设备，很难吧？啤酒是个传统饮料，你妈会做豆腐乳，你就应该能学会做啤酒……总之，从国人对精酿啤酒的误解看出对自己的不自信和缺乏DIY精神，这两点都是在目前的教育体制里面无法学到的。

认识银海是几年前的事了，那个时候我们在一起经常探讨技术问题。他以前是芯片公司的核心技术人员，具有良好的理工科基础，同时又精通英语，所以酿造技术对于他来说，并不是一件难事。这两年，我发现了他的变化，包括写这本书，他似乎把思考的重心更多地放在了“教育”上。这种“教育”并不是技艺的传授，更多的是表达对啤酒本身的看法，改变人们的观念。改变国人的观念当然比传授技术要难很多。

早期的中国精酿啤酒领域一片荒芜，缺乏原料，缺乏像样的设备。我们能坚持下来还得益于现代精酿啤酒代表——美国精酿者。美国精酿者不断探索精酿啤酒的知识，而且毫无保留地把它们公布在网上，文字看不懂就上图，图看不懂就上视频，生怕你学不会。

也许是美国精酿者的作风影响了中国最早的精酿者，所以银海在北京创立了北京自酿啤酒协会，把自己的知识、经验无私地奉献给大家，让更多的人了解啤酒，学会酿啤酒。后来，南京、上海、成都以及东北等各个地区都相继成立自酿协会。在这些协会中，知识和资源的共享已经成为一个传统。就从这一点来看，中国精酿的未来不可估量。

这几年精酿运动的兴起，一些大大小小的传统啤酒生产商和一些嗅到"钱"景的生产商，也都开始生产一些披着精酿外衣的"精酿啤酒"，根本不理解它的文化内涵，把其他行业的陋习带了进来，抄袭模仿，恶意诋毁，不尊重规则，等等。所以银海找我帮他写序的时候，我反复强调，你写什么我不管，但你一定要讲清楚，到底什么是精酿；那些所谓生产中国特产的蝇营狗苟之徒，毁了中国多少行业，千万不要让悲剧在精酿啤酒上重演。

祝本书大卖！

2015年11月

序三

高岩　《喝自己酿的啤酒》作者
南京高大师啤酒创始人　酿酒师

三年多前刚认识银海的时候，他还是个狂热的家酿啤酒发烧友，在北京的北锣鼓巷专门租了个小房子，搞着自己自娱自乐的家酿工作室。他那时已经成立了国内第一家自酿啤酒协会，并担当着会长，不定期地在北京各酒吧传授酿酒技术和啤酒知识。见面前，我拜读过他那时发出的几篇网文，已经看出了他的锋芒，那种对精酿啤酒很逻辑的狂热，还有很偏执的冲劲。

果然见面的第一次，他就很高兴地告诉我，他在写书。我认为他当时不知道自己要写什么样的书。写书和网文不一样，出书需要有一个自己的思想体系。在没有确定前，肯定不知道要写什么。那个时候国内几乎没人了解精酿啤酒，几乎没有出版商对这类东西感兴趣，也就是我们圈子里那么几个人喜欢聊事，而银海的回答总是一样的：还在写。询问他书的进程，已经从一种关心，变成了一种嘲笑，最后成了他自嘲的材料了，直到被人淡忘。

在过去的四年中，他的人生因为精酿啤酒而发生了许多华丽的转变。他做了两件让脑筋正常的中国人不理解的事情：首先，他辞去了业界顶级公司的高薪工作，全身心地开始投身啤酒行业；接着，为了保证北京自酿协会的独立性，不为任何商家所利用，他又辞去了协会会长的职务。这两个华丽的转身，让人知道：一、他是一个为了挚爱可以牺牲的人；二、他是一个为了信仰不计较个人得失的人。这两个举动，也在告诫后来的人，一是做精酿啤酒可能不是为了钱；二是搞协会不是为了私利。这把国内很多希望通过成立协会来实现私欲的垃圾们直接踢裆放倒在了马路牙子上。

银海最初给我的印象是一位超级极客。多年的理工科教育和经验赋予他很强的学习、分析和动手能力，让他能很快地掌握一门新的知识，并做出比别人更加优秀的产品。银海是一位在大型国际电子研发企业里担当主角工程师的人，身边的伙伴中自然不缺国际范儿的高级工程师。潜移默化中，他对他的玩物和周围世界的看法也沾染了国际风格。我和银海的交往也逐渐地从技术层面，上升到中国精酿啤酒的现状和精酿运动的未来构想上。银海总是能用他最敏捷的判断力、用最通俗的语言做出最正确的结论。

在一个总有些人拿卑鄙当通行证的社会里，精酿啤酒圈也难免染上浊气。银海是维护这个圈子纯洁性的重要一员。他以他那只认黑白的理科生的判断方法，疾恶如仇。他以他的高风亮节，为后来者树立了自律的规范。

银海是国内绝无仅有的学术派大员，他开发的啤酒种类五花八门，涵盖了世界最新领域。而另一方面，他几乎公开他的所有知识，担当着中国精酿技术主力传播者的角色。

银海也是精酿啤酒商业化实践行动的重要一员。在坚持精酿风格和实现商业化的两个方面达到完美的融合。他和小辫儿合作的牛啤堂，可以说创造了中国本土精酿啤酒商业模式的一个成功先例。

与银海认识了四年后，忽然有一天，他说，给我写个序吧，书就要出版了。我笑着说，终于写好了。他说，不是，我其实一直是在否定自己过去写的东西，也就一直在写新的东西。

按照银海的性格，在书出版前他是不会给我看的。我在写这篇文字的时候根本不知道他会在书里洒什么狗血，但是我知道，银海过去的这四年，就像是一本精彩的书。我愿意为他所做的一切喝彩。

2015年11月

第1章

啤酒与精酿啤酒

1.1 你真的喝过啤酒吗

我相信读到此书的人，有不少会是啤酒爱好者，发烧友，甚至从业人员，但对中国大众来讲，一本关于啤酒的书，要吸引他们，必须先提出这样的问题：你真的喝过啤酒吗？

这个问题好像是句废话，谁能没喝过啤酒呢？餐馆里，超市里，酒吧里，大排档里，到处都能买到啤酒；中国一百多年前就有了啤酒厂；到了炎炎夏日啤酒是最畅销的饮料……但是，这些黄不拉唧，闻着没什么香，喝着没什么味，不冰镇起来喝的话就像水一样的东西，真的是“啤酒”吗？如果这些算不上啤酒，你就当然没喝过啤酒！

你也许会说，你说的这些是国产劣质啤酒，中国也有好啤酒啊，你看什么什么酒厂，都成立多少年了，好多酒都卖到欧美国家了，难道不算真正的“啤酒”吗？

你也许还会说，那些国外的大品牌啤酒你也常喝，百威、嘉士伯、喜力，这些品牌都是世界巨头，采用了最先进的工艺，出自最厉害的酿酒师之手，全世界的人都在喝，难道不算真正的“啤酒”吗？

你也许还会想，就算这些都不算，那些进口啤酒总可以算了吧？德国啤酒厉害吧？现在这么多进口的德国啤酒，夏天各种啤酒节上，也都有好多各式各样的原装德国啤酒，难道这些还算不上“真正”的啤酒？

在回答这些问题以前，我先问你一个问题：如果一个老外来北京旅游，看到路边一家成都小吃店，进去点了份蛋炒饭，然后回国就跟人说吃过正宗的中餐了，感觉一般，那你会怎么想这个老外？是不是觉得他还挺二的？中餐是多么的博大精深，这么多的菜系，这么多的历史文化，这么多的老字号，你在路边摊吃了个蛋炒饭，怎么就敢号称吃过中餐了呢？

所以，是的，如果你还停留在喝上面说的那些啤酒的阶段，那你就还没有喝过“真正”的啤酒，因为你只是接触了啤酒世界的冰山一角。啤酒是世界上最复杂的一种饮料，没有其他什么喝的能像啤酒一样千变万化了，而我们国内常喝的那种，是啤酒世界里最犄角旮旯里最不起眼的一种：商业大规模生产的“水”啤酒。为什么叫“水”啤酒，因为它们就是水啊：谁真能在那些啤酒里闻到什么香味？谁真能在那些酒里喝出什么味道？谁能在喝那些酒的时候感觉到啤酒花香的沁人心脾，各式麦芽的甘甜爽口，享受到一场啤酒酵母千变万化的味觉盛宴？

没有谁能感觉到这些色、香、味，因为没有人能喝出水的味道。这就是这些啤酒只有冰镇过才会好喝的原因：谁能讨厌喝冰水呢？

而且很多这样的啤酒，都加入了大量的大米甚至淀粉，很多不明真相的群众以为这些是啤酒必需的，其实完全不是这么一回事，这些东西就像在蛋炒饭里加水一样，只是让分量更少，口味更淡。现在你知道了吧，你可能连蛋炒饭都还没吃到过，怎么可能就吃过中餐了呢？

那么，到底什么是啤酒？什么又是真正的精酿啤酒？这些啤酒到底有多少种？它们背后都有怎样的故事、文化和历史？我们要怎么喝它们，怎么品它们？它们与我们的生活，我们的身体，我们的健康，又有什么样的关系？甚至，我们有没有可能自己做出好喝的啤酒？等等，这些问题，我都将在接下来的章节里给大家一一介绍。

在开始这段奇妙的旅程之前，我希望先给大家净身洗脑，先把一些常见的误区和最基本、最重要的常识，给大家讲解一番。

1.2　最美妙和最多元的饮料

理论上讲，以麦芽为糖分来源发酵产生的酒精类饮品，都可以叫啤酒，大多数啤酒最主要的原料有四种：大麦、啤酒花、酵母和水。听起来很简单是吗？却已足够创造出世界上最复杂的饮品了。

国内关于啤酒最大的误区就是对啤酒单一化的定性认识，这也只怪国内啤酒市场太过单一，所以很多人都觉得啤酒都一样，只是夏天看球或是路边撸串时喝的东西。其实，在人类世界里能入口的食材饮品里，没有比啤酒更多姿多彩更具有无穷无尽可能的东西了，从色、香、味、形上，啤酒几乎涵盖了所有。

啤酒的四种主要原料：麦芽、啤酒花、酵母和水，现在我们再来一一看看它们到底是什么，为什么它们能带来世界上最复杂的液体。

先看麦芽，这是啤酒最基本的原料。最常见的麦芽来自大麦，大麦不同于小麦，蛋白质含量较少，并且有一层壳，这层壳在啤酒酿造中有特别的作用，这让大麦自古就成为啤酒酿造中麦芽的主要来源，哪怕是小麦啤酒，也常会使用大量的大麦芽。

简单来说，大麦发芽之后，啤酒麦芽厂会通过加热的方式，终止这个过程，得到麦芽。而加热时的温度、湿度和时间的不同，会将麦芽烤成不同的味道，得到不同种类的麦芽，加上麦芽本身品种和产地的不同，这就让麦芽变得五花八门了起来。每一种麦芽都有自己的色、香、味，每一种麦芽都能带给啤酒不同的东西。比如中国人常说的“黑啤”，一般就是在酿造中加入了一些被烤到焦黑的麦芽，没有什么特别的。有的人误认为黑啤更有营养，如果这是真的，那么焦炭也有营养了。

除了大麦，还有小麦、燕麦、高粱、荞麦、青稞等，它们都有自己的特色和风味，每一种也都有自己不同的制备方式，在啤酒酿造中带来更多的变化。

不同的啤酒中少则用一两种麦芽，多则十几种麦芽。你想想，不同搭配、不同比例，光是麦芽这一种原料，就可以给啤酒带来多少变化！

另外，很多商业化的工业啤酒，特别是在中国，还会用到玉米、大米，甚至直接加淀粉，这些东西最大的作用就是可以节省麦芽的成本，但它们比起麦芽来说无色无味，极大地减弱了口感，影响了香味和泡沫。

另一个重要原料就是啤酒花了，啤酒花的英文名叫hops。认识它对啤酒的作用绝对是人类历史最重要的发现之一了，世界上绝大多数的啤酒，都或多或少地使用了啤酒花作为啤酒的调味剂，所以中文直接把hops翻译成了啤酒花，实在是太恰当不过了。

啤酒花大规模地用到啤酒里其实也就是近一两百年的事。在人类啤酒酿造史上，人们一直都在尝试使用各种各样的香料来调味，啤酒花其实也就是香料的一种，早些年英国的传统啤酒就是专指不加啤酒花的，但为什么啤酒花在被发现之后很短的时间内就几乎变成了啤酒的标配，成了不可取代的一种东西了呢？

啤酒花又名蛇麻，是大麻最近的一种近亲，不过它并不含有大麻中的兴奋剂，纯天然绿色无公害。它在啤酒中能起到几个至关重要的作用：首先，它能带来一种苦味，在很多种风格的啤酒中，你需要一些苦味来平衡麦芽的甜味，让啤酒更入口，更有酒体，在不同的谱度上延伸，也能有更多的层次和可能性。其次，除了苦味，啤酒花本身还有不同的味道，还能带来各种香味。这是世界上最美妙的一种花香，很多喜欢自酿啤酒的人都说，自酿时最大的乐趣之一，就是打开一包新鲜的啤酒花，深深地闻上几下。只喝过工业啤酒的人应该从来没有闻到过这种味道，因为工业啤酒味道要求不太苦，而且上好啤酒花的成本可是很多大厂都不愿承担的。最后，啤酒花还具有天然防腐剂的功能，它能很好地抑制某些种群的细菌生长，有效地延长啤酒的保质期。这在过去的啤酒酿造中是很重要的作用，也是它被发现后就迅速流行起来的原因之一。当然，在现代酿造中已经没有人靠啤酒花来保鲜了。

和麦芽一样，常见的啤酒花也有数百种之多，每一种的口感和香味也完全不同，可以选择不同的组合方式，而且在整个啤酒酿造过程中，在每一个阶段都可以加入啤酒花，每个阶段的添加都能带来不同的作用，这就又能给啤酒带来无限可能！

接下来就是酵母了，酵母是啤酒酿造中最最重要的原料，它能直接决定啤酒的好坏。一句酿酒界的俗语说的是：酿酒师只是做了麦芽汁，是酵母做出了啤酒。酵母最主要的作用，当然就是把麦汁中的糖分转变成了酒精，在这个过程中，产生各种口味和香味元素，影响和改变酒体和酒感。不同的酵母在这个过程中表现千差万别，而这个世界上又有几乎无数种啤酒酵母，光凭不同的酵母，就可以带来无数种啤酒。

就直观发酵特征来说，酵母在啤酒酿制上主要分成两种，艾尔型酵母（Ale Yeast）和拉格型酵母（Lager Yeast）。前者一般在较高温度，20℃左右发酵，发酵时酵母常会被带到酒体上层，所以也被称之为上发酵酵母（top-fermenting yeasts）；一般发酵时间相对较短，有的一到两周就可以了。后者一般需要在低温下发酵，10℃左右，发酵时酵母大多会沉在酒体下层，所以也被称为下发酵酵母（bottom-fermenting yeasts）；发酵时间也相对较长。当然这种分类也不是绝对的，有的啤酒是用艾尔型酵母在拉格啤酒的温度发酵，也有用拉格酵母在艾尔啤酒的温度发酵的啤酒，还有的酵母本身就介于艾尔型和拉格型之间，无法严格分类。

现代精酿啤酒早已不限于仅仅使用传统的啤酒酵母那么简单，各种微生物，甚至各种细菌，只要能消耗糖分产生酒精，并且产生有特色的风味物质，都被用到了啤酒酿造中。酿酒师们还将它们进行不同的组合，有的酒甚至会用到好几种不同的酵母和细菌，产生极为复杂的风味，很多价格高昂的收藏级啤酒用的都是这种方法。我国的啤酒相关法规都是根据工业大生产啤酒来制定的，从理论上讲，很多现代的酿酒方法和原料都是违法的，完全一刀切。在其他国家，只要你是无毒无害发酵出来的，谁管你是用什么作发酵物呢？后面也会提到，我国的啤酒相关法规中，还有很多不太健全的地方，很大地限制了国内啤酒行业的发展，我们要发展好啤酒，还有相当长的路要走。

最后一种重要的原料，就是水了。从某种意义上讲，水才是啤酒最重要的原料，因为啤酒的大部分东西，就是水。不同风格的啤酒，需要不同的水质，水质的好坏，也直接决定了酒的好坏。

但对于一个合格的酿酒师来说，水又是最不重要的东西，你常常能听到一些啤酒商宣称自己使用了什么什么特别的水源，很高级的感觉，其实你被忽悠了。水就是水，会有不同的矿物质和离子含量，不同的含量，适合酿不同的酒，仅此而已。只要是干净的水，有什么好坏之说呢？

并且，水处理是所有酒厂的第一步和最简单的一步，哪怕当地的水质不满足酿酒要求，也可以很方便和便宜地改造水质，各种矿物质和离子含量也很容易调整。都什么年代了，全世界的水都可以是一样的，不要去迷信水源地之说。中国任何一地的水源，都可以酿出世界顶级的任何风格的啤酒，当然，前提是你遇到了靠谱的酿酒师。

仅以上这四大类基本原材料，就可以创造出无限可能，而啤酒酿造中，还有很多风格的啤酒，接下来都会讲到，把各种香料、辛料、瓜果蔬菜，甚至一些肉类，都用了进去，再加上现代精酿啤酒在酿酒工艺和啤酒后处理上繁杂的各种创新技术，你说，啤酒怎么可能不是世界上最复杂、最有广度、最有深度的饮用液体？！

那为什么我们平时喝到的啤酒这么单一？不管是国内哪个牌子，感觉都一个味，哪怕好多进口的啤酒也是一个味？这当然就有很多历史和文化原因了，接下来我都会详细介绍到。你也会看到，啤酒的多样化，正在全世界发生，包括我们中国。

不同啤酒的千差万别，也使啤酒分类成了很困难的一件事，不像葡萄酒分类那样简单，从产地酒厂和葡萄种类可以很清晰地分出来。啤酒到底怎么分类？啤酒到底有多少种？

上面讲过大多数啤酒由艾尔型酵母或拉格型酵母发酵，所以有的人把啤酒分为艾尔啤酒（Ale）和拉格啤酒（Lager），这种分法一是不全面且粗糙，二是对消费者没有太多意义。又不是酿酒师，管你是上发酵还是下发酵呢！

国内最常见的说法就是啤酒分为黑啤、白啤和黄啤，这也是一种简单粗暴且完全错误的分类方法，因为啤酒的颜色只和颜色有关，酒精度、色、香、味、酒体，任何方面，都可以和颜色没有任何直接的关系，这样分不能说明任何信息。更重要的是，啤酒的色度跨越相当的大，什么颜色都有，而且都是平滑过渡，怎么能用三个极端的颜色来描述呢？所以，再也别说你喜欢"黑啤"了，这个世界没有"黑啤"！

最简单的分类法就是把啤酒分成精酿啤酒和工业啤酒。精酿制品和工业制品的区别，下一节我会详细讲到，这其实是一个文化上的划分法，也许对于有的人来说，他才不管是不是工业"大生产"的啤酒，只要他喜欢就行。下一小节介绍精酿啤酒的定义时，我们会看到，如果每一个喜欢啤酒的人，在挑选啤酒时都分清这个区别，那啤酒的世界一定会变得更加美好。

从酒本身来讲，受到大家公认，也被广泛采用到啤酒比赛中的，是按啤酒的历史起源来分类。这种分类法的奠基和推广大神是一个比利时人，在接下来关于比利时啤酒的介绍中，我会详细介绍到他。每一种啤酒起源，就是一个风味，一个故事。世界性的啤酒大赛中，分类已超过百种，同一种分类也会有不同的变化，就像成都火锅和重庆火锅，各有千秋，各有变化，这些都将在第2章中详细介绍到。想想我们大多数国人，喝了一辈子的啤酒，其实也就只喝过这数百种分类中的最简单、最不受待见的一类——辅料拉格啤酒。

了解了啤酒的这种多样性，很多关于啤酒的误区就比较好理解了。现在很多开始接触啤酒，或是不懂装懂的人，都爱总结或是听别人总结一些关于啤酒的“定律”，比如德国的啤酒最好喝，××酒厂的酒最厉害，××酒适合女生喝，啤酒就该这样喝那样喝，倒啤酒就该这样倒，等等。可以说，这些都是很误导人的，正因为啤酒的多样性，几乎没有什么关于啤酒的定律是成立的，喝啤酒，接触啤酒，一定需要保持一个开放和好奇的心态，用啤酒让自己更开心，用自己的心去体会这个世界就行了，不用理会什么专家告诉你怎样怎样，在享受啤酒的世界只有你自己，没有专家。

所以常有人问，到底哪里的啤酒“最好”喝？这是没有答案的。啤酒只有你自己喜不喜欢，没有好不好这种说法，没什么啤酒一定比什么啤酒“更好”，很多爱喝精酿啤酒的人不理解那些爱喝工业啤酒的人，这也是没必要的，有人就是喜欢喝冰水，也没什么不对啊。如果一个人坚持说某某啤酒最好喝，那么只能说明他要么完全不懂啤酒，要么就是个极端偏执狂。

▶
啤酒疯子小辫儿将美国 BJCP 裁判组织（Beer Judge Certification Program）制定的啤酒分类方法以及网上流行的几种常见啤酒分类融会贯通在一起，绘制并出版的世界啤酒族谱。图里面每一个小圈里都有一种风格，很多人喝了一辈子啤酒，也就只喝过其中的一种！此外，这种啤酒分类中的啤酒种类每年都在丰富，不仅近年不断有新的风格被创造出来，更重要的是，很多拥有古老历史但濒临消亡的啤酒，随着这股精酿啤酒浪潮正重新走入大家的视野。

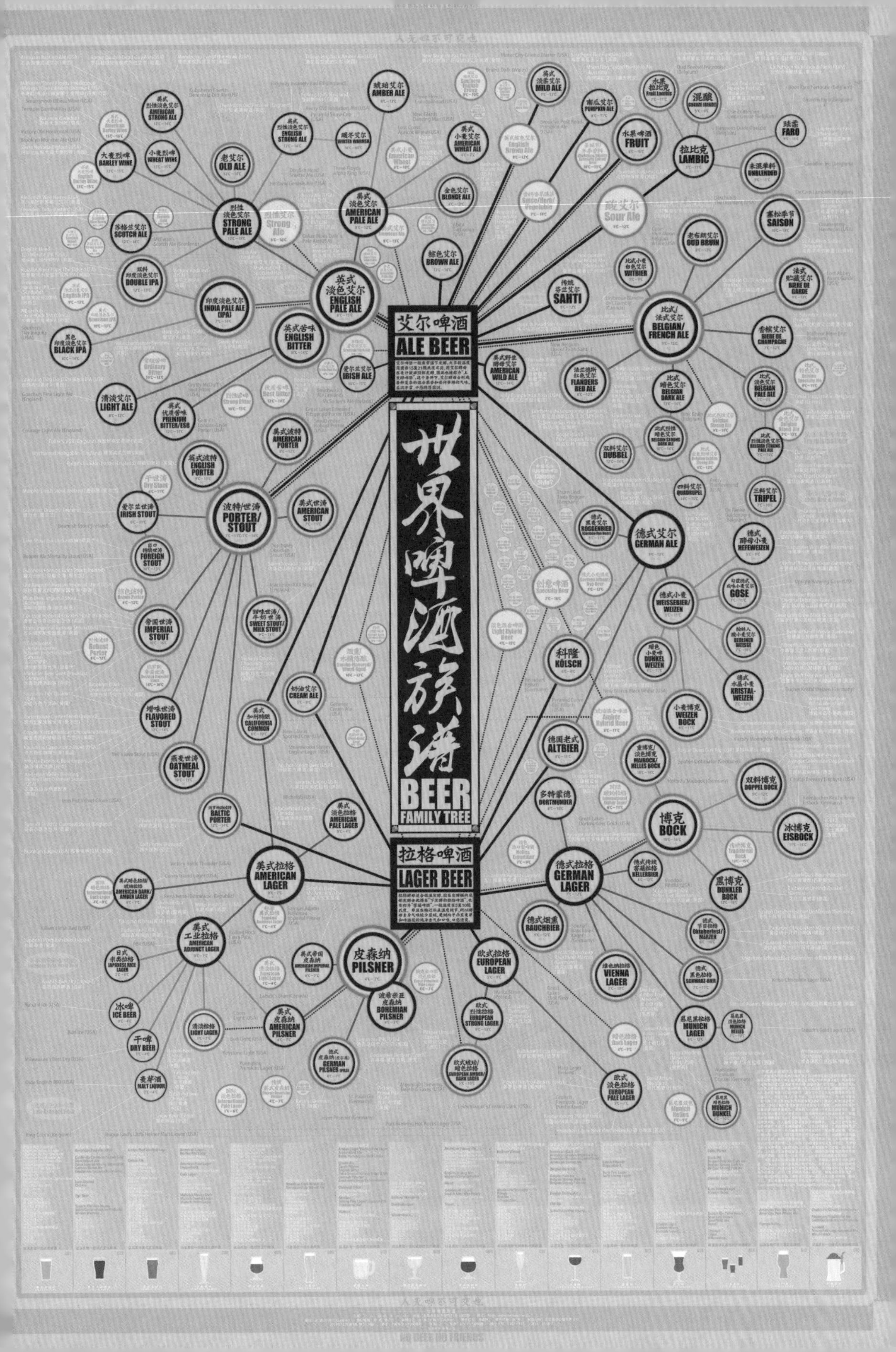

世界啤酒族谱
BEER FAMILY TREE
艾尔啤酒
ALE BEER
拉格啤酒
LAGER BEER
英式淡色艾尔 ENGLISH PALE ALE
烈性淡色艾尔 STRONG PALE ALE
印度淡色艾尔 INDIA PALE ALE (IPA)
英式苦味 ENGLISH BITTER
美式烈性淡色艾尔 AMERICAN STRONG ALE
英式烈性艾尔 ENGLISH STRONG ALE
大麦烈啤 BARLEY WINE
小麦烈啤 WHEAT WINE
老艾尔 OLD ALE
苏格兰艾尔 SCOTCH ALE
双料印度淡色艾尔 DOUBLE IPA
黑色印度淡色艾尔 BLACK IPA
清淡艾尔 LIGHT ALE
英式优质苦味 PREMIUM BITTER/ESB
琥珀艾尔 AMBER ALE
暖冬艾尔 WINTER WARMER
美式小麦艾尔 AMERICAN WHEAT ALE
美式淡色艾尔 AMERICAN PALE ALE
金色艾尔 BLONDE ALE
棕色艾尔 BROWN ALE
英式淡味艾尔 MILD ALE
南瓜艾尔 PUMPKIN ALE
水果啤酒 FRUIT
拉比克 LAMBIC
混酿 GUEUZE
珐柔 FARO
未混拳料 UNBLENDED
酸艾尔 Sour Ale
塞松季节 SAISON
老布朗艾尔 OUD BRUIN
比式小麦白色艾尔 WITBIER
法式贮藏艾尔 BIERE DE GARDE
传统芬兰艾尔 SAHTI
比式/法式艾尔 BELGIAN/FRENCH ALE
香槟艾尔 BIERE DE CHAMPAGNE
美式野生酵母艾尔 AMERICAN WILD ALE
爱尔兰艾尔 IRISH ALE
法兰德斯红色艾尔 FLANDERS RED ALE
比式暗色艾尔 BELGIAN DARK ALE
比式淡色艾尔 BELGIAN PALE ALE
比式烈性暗色艾尔 BELGIAN STRONG DARK ALE
比式烈性淡色艾尔 BELGIAN STRONG PALE ALE
双料艾尔 DUBBEL
四料艾尔 QUADRUPEL
三料艾尔 TRIPEL
美式波特 AMERICAN PORTER
英式波特 ENGLISH PORTER
波特/世涛 PORTER/STOUT
美式世涛 AMERICAN STOUT
爱尔兰世涛 IRISH STOUT
出口烈性世涛 FOREIGN STOUT
帝国世涛 IMPERIAL STOUT
甜味世涛/牛奶世涛 SWEET STOUT/MILK STOUT
增味世涛 FLAVORED STOUT
燕麦世涛 OATMEAL STOUT
波罗的海波特 BALTIC PORTER
德式黑麦艾尔 ROGGENBIER
德式艾尔 GERMAN ALE
德式酵母小麦 HEFEWEIZEN
德式小麦 WEISSBIER/WEIZEN
GOSE
暗色小麦 DUNKEL WEIZEN
柏林人酸小麦艾尔 BERLINER WEISSE
水晶小麦 KRISTAL-WEIZEN
科隆 KÖLSCH
小麦博克 WEIZEN BOCK
德国老式 ALTBIER
多特蒙德 DORTMUNDER
五月博克/淡色博克 MAIBOCK/HELLES BOCK
双料博克 DOPPELBOCK
博克 BOCK
冰博克 EISBOCK
黑博克 DUNKLER BOCK
德式拉格 GERMAN LAGER
德式窖藏拉格 KELLERBIER
德式烟熏 RAUCHBIER
德式十月节 Oktoberfest/MARZEN
维也纳拉格 VIENNA LAGER
德式黑色拉格 SCHWARZ-BIER
慕尼黑拉格 MUNICH LAGER
慕尼黑淡色 MUNICH HELLES
慕尼黑暗色 MUNICH DUNKEL
欧式淡色拉格 EUROPEAN PALE LAGER
欧式拉格 EUROPEAN LAGER
欧式烈性拉格 EUROPEAN STRONG LAGER
欧式琥珀/暗色拉格 EUROPEAN AMBER/DARK LAGER
皮森纳 PILSNER
波希米亚皮森纳 BOHEMIAN PILSNER
德式皮森纳 GERMAN PILSNER
美式帝国皮森纳 AMERICAN IMPERIAL PILSNER
美式皮森纳 AMERICAN PILSNER
美式淡色拉格 AMERICAN PALE LAGER
美式拉格 AMERICAN LAGER
美式暗色拉格 AMERICAN DARK/AMBER LAGER
美式工业拉格 AMERICAN ADJUNCT LAGER
日式米类拉格 JAPANESE RICE LAGER
冰啤 ICE BEER
干啤 DRY BEER
麦芽酒 MALT LIQUOR
清淡拉格 LIGHT LAGER
奶油艾尔 CREAM ALE
美式加州特酿 CALIFORNIA COMMON
创意啤酒 Specialty Beer
人类啤酒酿造史
NO BEER NO FRIENDS

▲
美国亚基玛公司的啤酒花工厂：啤酒花收获以后，会在这里被烘干，大多会被压缩成颗粒，以便于运输和保存

▼
Aroostook 啤酒花农场：啤酒花藤每年能长数米高，秋季收获后枯萎

▲

啤酒花：作为大麻的近亲，啤酒花不含 THC 即大麻的有效成分

▲

美国阿拉加什（Allagash）：啤酒厂的酿酒师，正在把一包生姜加入啤酒酿造锅里，以酿造一款生姜小麦啤酒

▲

英国一片刚刚成熟的大麦田：中纬度欧洲历史上也酿过葡萄酒，
但随着近几百年气温的降低，大麦成了更适合酿酒的作物

▲

美国的家酿啤酒原料店：至少几十种不同的麦芽供人选择

▲

啤酒的颜色千变万化，不同色度的麦芽搭配是颜色变化的主要原因，但其他原料的使用，也能彻底改变啤酒的颜色，所以啤酒的颜色和啤酒的各项指标，完全没有任何对应关系

▲

美国酒厂的橡木桶陈列室：很多种类的啤酒，要在这些橡木桶里，放上一年甚至更长的时间，这里也是他们的文化教育中心

▲
当今社会，不管走到哪里，几乎都能找到以精酿啤酒为特色的酒吧或餐厅，一排扎啤酒头是标配，酒头的装饰也成了店家比拼的重点

1.3 到底什么是精酿啤酒

说了这么半天,那到底什么是精酿啤酒?它和所谓的工业啤酒到底有什么区别?这可能是现在聊啤酒时最常聊到的问题,也是最本质的问题,同时也是最难回答的问题。

精酿啤酒是英文Craft Beer的翻译,早期国内将其翻译为精工啤酒、手工啤酒,但我一直觉得这个“工”字太土,体现不出文化上的“高大上”,于是在早期的推广和写作里就一直翻译成精酿啤酒。后来在2012年的首届大师杯家酿啤酒大赛上,和大家一商议,决定认同和共同推广这个翻译。这几年精酿文化的推广者越来越多,大家也逐渐把Craft Beer统一成了精酿啤酒。

但精酿啤酒的定义,不只是在中国,在国外也各不相同。有人说,当你喝下一杯酒后,愿意再来一杯,去闻它,去品它,这样的啤酒就叫精酿啤酒;有人说,不加大米、玉米等辅料,用传统原料传统方法酿造的,就叫精酿啤酒;也有人说,小型酒厂生产的小批量啤酒就叫精酿啤酒;还有人说,只要好闻、好喝、口感好,管它哪里产的,就是精酿啤酒……或者,不是吗?

刚才说到的在现代精酿啤酒的发源地——美国，有个酿酒师协会官方的关于精酿啤酒厂的定义，虽常有修修补补，但已沿用了很多年：

1.年产量最多不多于600万桶。（给大家个直观感受，燕京啤酒的产量是这个的十几倍）

2.酒厂不被或是高于25%的股份被工业啤酒厂控制。

3.至少有一款主打产品，或是超过50%的销量中，没有使用辅料来酿酒，或者用辅料也是为了增加风味而不是减少风味。

这个定义是什么意思？有什么意义和作用？美国人为什么要这样来定义精酿啤酒？回答这些问题以前，我们先来看看那些常见的一些民间的定义和说法。

最普遍的一种定义，“好喝”的酒就是精酿啤酒。首先，“好”字是没办法定义的，比如说，受到民众，特别是啤酒爱好者追捧的酒，就是精酿啤酒吗？美国有个Goose Island酿酒厂，是美国非常牛的“精酿”啤酒厂，其产品有相当高的口碑，在全美和世界各啤酒比赛中斩获无数大奖，每年年底都会推出各种限量版的啤酒，这些啤酒上架不到半小时就能被抢购一空，甚至许多爱好者会在高速路上等着酒厂出来的送货车，跟着送货车到达送货地点，马上抢购！你说这样的酒厂产的酒是好酒吗？当然是好酒，但是对不起，它却不是美国酿酒师协会官方承认的精酿啤酒厂，因为它在十年前已经被百威集团收购，而百威并不是精酿啤酒厂，所以也得不到美国人的承认了。为此，很多美国的精酿啤酒发烧友，毅然放弃了这个他们过去最喜爱的啤酒品牌。

那不被大酒厂控股，产量不高的小型甚至作坊式的酒厂，就一定是精酿啤酒厂了吗？当然也不是。发达国家还好，在不发达国家和地区，很多微型啤酒厂、啤酒自酿酒吧，产量少，甚至全手工生产，但质量水平却很低，粗制滥造，明显有怪味，与宣称的啤酒风格严重不符；有的虽然酒品尚好，但没有任何特色，土鳖式的商业气息非常明显，酒品完全没有自己的思想，没有自己的创造。举个极端的例子，比如一些所谓“德式自酿啤酒”，号称“纯正”德式啤酒，宣扬遵循德国啤酒纯净法（这个法有多么无聊和愚蠢，我在接下来的德国啤酒章节会详细讲到），在当今全世界都在以生产本地特色啤酒为荣的时候，还守着个德国老古董不放（最重要的是还学得不像），这样的酒，就算好好做了，又怎能称得上精酿啤酒？

那用传统方法，优质的传统原料酿造的就一定是精酿啤酒吗？或者说，精酿啤酒必须使用传统方法和原料进行酿造吗？当然也不是，接下来会讲到，从精酿啤酒运动诞生起，创新就一直是和它相伴的，特别是在美国，创新精神本来就在人们的基因里，所以，不管是从原材料上，还是酿造方法上，甚至整个的啤酒理念和营销方式都有了巨大的革新和创造：酿酒的原材料从来没有像现在这样丰富多彩过，不仅麦芽、啤酒花、酵母的种类极大丰富，各种其他前端、后端的原材料也都用在了啤酒酿造中，各种各样的木桶，各类发酵微生物，各种各样历史上都不曾出现过的香料、辛料和瓜果蔬菜……可以说现今的啤酒原料，只有想不到的，没有酿酒师做不到的。酿酒的新方法也是层出不穷，特别是美国的各个精酿啤酒先驱大厂，开创了很多过去想都没人想过的技术。各种创新，各种反传统，难道能说它们就都不是精酿啤酒厂了吗?

那么,到底怎样才能叫精酿啤酒?为什么被大酒厂控制了就不能叫精酿了?跟原料工艺都没有关系,那怎么定义呢?让我们还是回到美国人的做法上去看一看。

美国人的定义里,最不好理解的就是前两条,也被很多不明真相的群众不认同。常见的观点认为,只要认真做、不偷工减料、好喝,就是精酿啤酒,管它酒厂的年产量或者股东是谁呢?

对于这个问题,我们首先得想明白,我们为什么需要给"精酿啤酒"这样一个新兴的、小众的事物一个明确的定义。举几个例子,我们接下来会介绍到的闻名全球的比利时修道院啤酒,这种啤酒要求,只有由信仰Trappist教的修道士在修道院内以慈善生产为目的生产的啤酒,才能称得上是修道院啤酒,才可以在酒瓶上打上"Authentic Trappist Product"的字样,并得以认证。你可以想想,要没有这种出于对文化的保护来进行的这个认证,市场上Trappist Beer早就泛滥,再也不是一种质量,特别是文化的象征。你再想想,只有香槟地区产的起泡酒才能叫香槟,只有干邑产的白兰地才能叫干邑,在茅台产的茅台才能叫茅台……

▲
正宗修道院啤酒的认证标志:只有由信仰 Trappist 教的修道士在修道院里以自给自足和慈善为目的生产的产品,才能打上这个标志。国内的 Trappist 啤酒瓶上都能看到它

每一类产品的定义，都是为了保护这个产品和与之相关的文化。

所以，为什么要提出精酿啤酒，是因为我们想把某一类啤酒独立出来，更好地发展它、保护它。而为什么要保护它？因为天敌实在太多太强。

道理很简单，大型的资本，大型的工业啤酒集团，它们天生就是精酿啤酒运动抵制者，它们天生就是精酿啤酒杀手，这是大资本和大生产的本质决定的。而这种强调多元化、小型化、精品化和本土化的新兴事物，和大型工业生产的本质是完全对立的。但所有的精酿啤酒厂，至少它的起步一定是超小型的，很多酒厂因为自身的特色化，永远也只能是小型化生产，而这些小型的啤酒厂，就算完全联合在一起，也根本无法在广告宣传、法律地位等各个层面与大型工业集团进行任何的竞争。所以，只让小型的独立性啤酒厂有资格享用精酿的名称，才能更好地保护和推广这个运动，把"精酿"定义为小型的独立啤酒厂，也许会让一些"好酒"被排斥掉，但这样却保护了小型的独立酒厂，保护了这个运动。

别以为是危言耸听，讲几个小故事：美国现在最大的精酿啤酒厂，波士顿啤酒公司（Boston Beer Company）刚成立的时候，是通过外地的酒厂代工生产的，这个做法完全无可厚非，和精酿啤酒的精神并不矛盾，但却在大力发展的时候遭到了美国大型啤酒厂以广告形式的大力诋毁，销量曾一度惨跌，至今仍让许多美国精酿啤酒人心有余悸。

目前中国市面上很常见的福佳白啤(Hoegaarden),最开始并不是现在这个味道。福佳酒厂在几十年前一场大火后,不得不接受了百威英博的贷款援助,从那以后,它就不断地被要求更改配方,把酒做得更“大众化”。创始人一怒之下卖掉酒厂去美国玩精酿去了,福佳也就被改成了现在的样子:作为精酿啤酒入门可以,但比起真正有风味的比利时白啤,就又差得远了。

在2014年,美国国内的精酿啤酒销量总和,首次超过了百威淡啤,成了一个历史性的标志事件。随即,在当年的美国“春晚”——超级碗决赛的广告时段中,就出现了百威有意针对精酿啤酒的攻击性的广告,广告中百威用带贬义的词去形容喜欢喝精酿啤酒的人。这样的广告,即使是所有精酿酒厂凑在一起也没钱去做的,这就是资本的力量和反扑。

这样的例子还有很多很多,脆弱的精酿啤酒运动,哪怕在美国这样信息透明自由流动的国家,也需要名义上的保护,才能保证这个运动健康和持久地发展。

现在再回到这个定义,前两条强调了精酿啤酒厂的小型和独立化,那第三条是什么意思,用不用辅料有什么影响呢?

前面其实也讲过了:在任何一个食品饮料生产企业,都必须工业化地超大规模生产,才能降低成本,但要超大规模地生产,就要降低自己产品的口味，去瞄准最低的底线。具体到啤酒厂，那它就会想尽一切办法，做出尽量让更多的人至少能接受的口味。什么样的啤酒能让最可能多的人至少能接受？那当然就是水了，所以国内的啤酒都是一个水味，做得不好的还有尿味。在把啤酒做成水味的同时，还能进一步降低成本，那就更好了，所以，大米、玉米甚至淀粉被大量地应用到了很多工业啤酒的生产中，它们能让啤酒更像水，同时还比麦芽便宜，一石二鸟。因此，美国人定义的第三条，就是强调，如果你对大部分的产品为了降低风味而大量添加辅料，你就不是精酿啤酒厂。

但需要注意的是，用了大米就一定不是精酿啤酒了吗？当然也不是，关键还是看你怎么把玩这些辅料。如果你添加大米的目的，是为了它的某种特性，而并不是为了降低酒的风味，那你酿出的啤酒也可以算精酿啤酒。所以这个定义其实非常严谨，这也是精酿啤酒对多元化的包容性的体现。

所以，美国人这个定义看似简单，实则有很深的道理，化大繁于大简。可以说，美国精酿啤酒这三十年能从零到世界老大暴发式地发展，除了历史的决定性因素外，这个定义居功至伟，它让“真正”的精酿啤酒厂得以正名，在市场上得以蓬勃发展。美国人在这个定义后也解释到，精酿啤酒就是一种创新精神，而要推广这种创新精神，就需要很多本土化的小型酒厂的共同努力，而要保护这些小酒厂，就需要这样的定义。

给大家讲两个故事，都是发生在本书完稿之际，让你体会一下，在美国精酿啤酒的文化下，大家对“大”酒厂挤压小酒厂的空间，有多么敏感。

2015年夏天，美国精酿啤酒界大名鼎鼎的Lagunitas 啤酒厂老板托尼同学，发了一个微博：×你妈，来吧！（F××k them, we're ready!）大家一片惊恐，要知道这在美国是极为罕见的事情，美国人民一向是非常礼貌和客气的，更别说“高端小众”的精酿啤酒圈了，你极难听到啤酒圈的人公开地说圈里人的什么坏话，哪怕是中性的话都很难，更不要说在微博这种公开社交平台上了。究其原因，原来是另一个更大的精酿啤酒厂——波士顿啤酒公司，正准备推出一系列新产品。据托尼同学听到的“江湖传言”，这系列产品市场部的策略，就是不惜一切代价，拿下更多的扎啤酒头，包括Lagunitas的。

这种事放在任何一个国家，任何一个其他产业，其荒谬程度都是不可想象的，几家不同的公司做同一类产品，在一个自由竞争的市场，当然是自由竞争，做出产品就是为了挤掉你，怎么可能出现这样的事：我做出产品，只要做得更好，市场销量更高，挤掉你，天经地义，你不服可以，怎么可以理直气壮地当众骂街呢？

这事最后的结局更“不可思议”，波士顿酒厂大老板，美国精酿啤酒圈德高望重的一个泰斗级别的人物——Jim Koch同学，不得不出来认错：对不起，真没这回事啊，我们是最支持你们的了！

（笔者注：Lagunitas刚出售了一半的股权给喜力啤酒，让众多爱好者大失所望。就算在精酿啤酒界，理想主义可能也是难以坚持长久的）

另一个骂战也很有意思，就是刚才说的百威集团旗下的子品牌Goose Island啤酒厂，又推出了一系列特色产品，引发一些人的抢购，另一个大名鼎鼎的精酿小酒厂Evil Twin的老板看不下去了，发了个微博：一帮傻×疯了吧，竟然去抢百威的东西。有些普通啤酒爱好者就看不下去了：只要酒好，我就喜欢，你才是个傻×，有啥好××叨叨的。这种回复迅速引来广大人民群众的反击，成了大家极力教育的对象：资本的力量无坚不摧，去支持百威旗下的品牌，就是帮凶。欧洲大陆现在的酒厂和种类远远不如一个世纪前了，势头已远不如美国，为什么？就是民间缺乏对小型酒厂的保护，结果就是啤酒越来越缺乏创新，越来越古板，种类越来越少。

美国这个定义是很好，我们中国可以拿来直接用吗？先来看看我们中国的国情。

在中国，从法律到官方到民间，完全没有小型酒厂的概念，中国现行法规甚至明文规定要淘汰小型啤酒厂，这就是为什么中国精酿啤酒运动有好几年了，国产啤酒还都是一种类型的水啤并占据了几乎所有市场的最重要的原因之一。同时，国内有一些大型啤酒集团也开始注意到这个来自国外的新鲜词汇，开始生产一些所谓的“精酿啤酒”，迷惑了不少人。不是说大型啤酒厂做不出“好啤酒”，相反，大型酒厂在物理和化学上控制之精确，是精酿啤酒厂难以想象的，但精酿啤酒不单是个工业生产品，同时也是一种艺术品，并且它的文化本质是和大型工业生产相矛盾的，它的生产对酿酒师的要求，和工业啤酒是完全不一样的，所以说这样的啤酒厂生产出来的啤酒，只能让人喝到慌张和模仿。而我们做任何一个关于"衣食住行"的消费，如果没了文化和灵魂在里面，这个产品，又怎能和"精"字挂上钩呢？

此外，中国还欠缺推广精酿啤酒最重要的一点——诚实。怎么样诚实？最基本的就是不做假的或有诱导性的宣传。比如有的酒虽是在国外生产，但其实专卖到中国内地，却号称当地知名啤酒，这样的事在各种商品中都有不少，专骗中国人。另外，最重要的诚实也是推广一种文化所必需的，就是不抄袭，不模仿。而在中国这是很难的，也是被很多人忽视的最重要的一点。在市场经济比较发达、健全的地方，他们都没有这个问题，哪个土鳖想去模仿、抄袭会被所有人鄙视，加上健全的法律保护，会死得很惨。精酿啤酒远不止是一种商品，更是一种文化，一种创新和一种美好的生活态度，这是和抄袭格格不入的，流氓文化只会毁了精酿啤酒。

所以，在中国，我认为并且极力推广的精酿啤酒，就是小型独立的酒厂或啤酒屋以诚实的态度生产的特色啤酒，在保证高质量的同时强调创新，强调多元化、本土化，符合这个精神，就可以被称作精酿啤酒。

▲

美国鹅岛啤酒厂的 Bourbon Country Stout，在美国备受很多发烧友追捧，但在被百威收购后，已不被美国酿酒师协会承认为精酿啤酒了

1.4　啤酒酿造简介

啤酒的酿造对很多人来说是个很神秘的事情，究其原因，我想是因为很多朋友一提到啤酒厂就想起电视里看到的那些巨大的大型啤酒厂，楼一样高的发酵罐，全是白大褂的高级实验室，觉得酿酒这个事情一定高深莫测，一般人是接触不了的。

其实，在人类文明开始的时候就有啤酒了，以前在欧洲一些地区酿啤酒是家庭妇女在家做的事，这能有多难？

那为什么那些大型啤酒厂要投资那么大，需要那么多技术人员，需要那么多高级酿酒师？首先，他们需要最大限度地控制自己的成本，这需要各个环节的深入研究。另外，最重要的是，前面讲过，大型酒厂从本质上决定了他们需要年复一年地生产像水一样的啤酒，而这是一个极其困难的事情，因为啤酒本身应该是风味十足的，要想降低啤酒的风味，并且持续地、稳定地、便宜地、巨量地生产出像水一样没什么色、香、味的所谓啤酒，这是一个在化学上和工程上都非常有难度的事情。任何一个精酿啤酒师，或是靠谱点的家酿啤酒爱好者，都可以酿出比工业啤酒“好喝”的啤酒，但你要他们去生产工业水啤，那可是一件几乎不可能的事情。

但这不是说工业啤酒酿酒师就比精酿啤酒师“水平”要高，因为这是关公战秦琼，大家在做完全不一样的事情：你让肯德基的食品总监去一个米其林餐厅做总厨，肯定没戏；同理，你让米其林餐厅总厨去肯德基研究食品，也是根本没指望的事情。

既然酿啤酒没这么难，那是不是人人都可以酿酒了？答案是肯定的。任何一个智力正常的人，在网上花上几百块、千把块钱，就可以凑出一套装备，然后就可以在家酿出世界上最高质量的啤酒。实际上，我们接下来讲美国啤酒的时候就会讲到，美国精酿啤酒的发展，其实就是美国家酿啤酒运动的发展，无数的美国家酿啤酒爱好者，直接繁荣了美国的精酿啤酒行业。

国内的家酿啤酒运动开始于几年前，为本书作序的作者之一——高岩，就是国内第一个开始推广家酿啤酒的人。他的书《喝自己酿的啤酒》是国内目前唯一一本家酿啤酒指南，可以作为大家的入门书。2012年初笔者在北京发起成立了北京自酿啤酒协会，现在已是全国最大的一个相关组织，而类似的组织最近一两年里也在全国遍地开花，呈星火燎原之势。任何一个对酿造啤酒感兴趣的人，都可以在本地找到资源和志同道合的人，酿啤酒，在中国，从来没有像现在这么简单！

不管是在家里酿啤酒，还是在工厂里酿啤酒，从原理上看，其实都是一样的步骤和流程，这里给大家做一个简单的介绍，也有助于大家更深刻地理解啤酒和之后我们会讲到的各种啤酒风格。

酿啤酒的第一步，就是准备好麦芽。把麦芽碾磨开后，将其和一定温度的水混合，麦芽里的淀粉就会被自动地转化为糖分，这一步叫糖化。糖化完全后，需要把麦芽汁和麦芽分离开来，以及把残留在麦芽上的糖分冲洗出来，这一步叫过滤和洗糟。接下来需要把所得到的麦芽汁煮沸，在此期间加入啤酒花这样的调料，煮沸结束后需要把麦芽汁迅速冷却，装入发酵桶，加入酵母发酵。发酵结束，陈酿，封装，喝！

怎么样？够简单吧！你买本书做做功课也好，网上自己搜点资料看看也好，或是找本地的同好交流一下也好，反正花个几百块钱、半天时间酿造，再等上几周发酵时间，你也可以很快酿出自己的啤酒。

酿出好酒虽然简单，但要长期、稳定、口味一致地酿出有自己风格的系列精酿啤酒，像过去二三十年世界各地许多家酿啤酒爱好者一样变成职业酿酒师，小批量地商业化生产精酿啤酒，就是另一回事了。你需要详细而深入地了解每一个过程和步骤背后的物理化学原理，学一点微生物学，学习每一种原料的物理化学特性，以工程学的态度认真地对待每一项工艺，明白背后的原理。千万不能知其然而不知其所以然，这样才能保证酒的稳定性和连续性，以及在中国大家最关心的安全性；然后你需要深刻理解每一种原料和每一种酒的感官体验，理解各种啤酒的文化和传统，这样才能设计和创造出有自己风格的配方。同时，精酿啤酒在中国作为一个新兴产业，相关的配套东西是相当落后的，这就对职业酿酒师提出了更高的要求，因为你不仅需要酿好酒，还需要处理众多的其他恼人环节。最后，最重要和最困难的是，把创新、多元、本土化的精酿精神，从啤酒的包装，到生产，到封装，到销售，都完美地融合进去，把精酿啤酒作为艺术的一面展现出来。这些东西都需要一股激情和热爱，甚至一种疯狂，所以我们就不难理解，世界众多很牛的精酿啤酒厂，都是由家酿爱好者创办的了。

好了，这一章说了很多啤酒最基本的知识，你已经武装起自己，下一章我就将开始介绍世界各大精酿啤酒流派、各种啤酒风格的历史和现状，以及各种有趣的酒厂，特别是我们中国精酿啤酒的现状。做好准备，让我们一起走入精酿啤酒的花花世界！

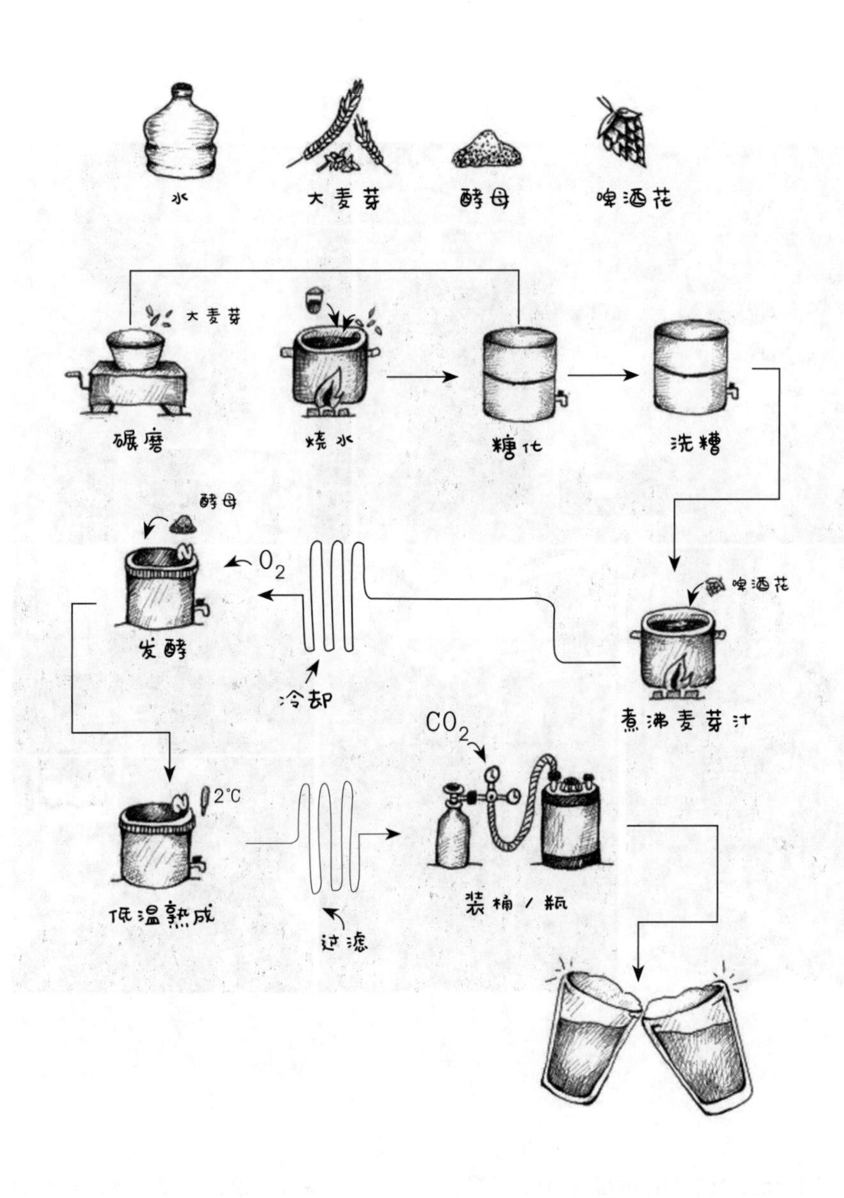

▲

深圳设计师糖果手绘的家酿啤酒流程图。任何人，配以甚至低至几百块的瓶瓶罐罐，都可以在家酿出自己的啤酒

▲

上图是国内现在比较知名的家酿啤酒爱好者，都是各大家酿啤酒比赛屡次获得名次的骨灰级发烧友。他们是：来自上海，过去两年拿奖拿到手软的血手；来自河北，第三届“大师杯”中国家酿啤酒大赛全国总冠军的卢军；来自北京的王鹤丽，中国首位获得家酿啤酒比赛名次的女酿酒师；来自台湾的 Debbie, 2015 北京家酿啤酒大赛的总冠军，堪称国内女子家酿啤酒第一人；来自南京的戚文，上海全国家酿啤酒大赛的冠军；来自台湾“清华大学”的詹博士，在中国内地和台湾地区的各项家酿啤酒比赛中也是拿奖拿到手软。你可以看到，他们的设备五花八门，有的人就使用家里用的普通的瓶瓶罐罐，有的人使用德国产的全自动酿酒机，但这都不妨碍他们在自己家的厨房里，酿出世界上最好的啤酒

第2章

世界啤酒风格与分类详解

2.1 源自英伦的传统啤酒

英伦艾尔啤酒

英国早已不是那个日不落帝国，但它在现代人类社会文明史上的贡献，却是几乎无人能出其右的。艺术、文学、经济、音乐、科学、工程、高科技、新能源，各行各业，没有英国人的工作，很难想象这个现代社会是什么样子。

在酒方面更是如此，英国人对酒是如此的热爱，以至于除了地理原因造成无法酿造葡萄酒外，其他所有的酒种——啤酒、果酒、蒸馏酒，英国都堪称世界最重要的一极，与之相关的产业、文化和亚文化，都席卷全球。

在说酒之前，不得不讲的就是英国人的pub文化。这是一个从名字来说就不容易解释的东西，英语里bar、pub、lounge、nightclub等单词，都是指不一样的娱乐场所，但在中文里统一被翻译成了酒吧或是夜店。中国是个没有现代意义的“酒”和“酒吧”文化的地方，很多人对酒吧的理解还停留在看演出、喝高价酒，或是把妹的地方，很多小地方的酒吧也是“藏污纳垢”的代名词。时至今日很多酒吧仍然用假装不土鳖的方法提供着最土鳖的产品和服务。

大多数中国人对酒和酒吧的认识也是一样的，我们喜欢坐在饭馆里推杯换盏，喜欢下酒菜，哪怕去了酒吧，也要点小吃、果盘什么的，去了“夜店”也喜欢找个座，最好是卡座，没事去次酒吧就是为了狂欢和大醉。

如果说中国的酒文化是把喝酒当成一件事，并且生怕没让别人喝多的话，那英国的酒文化就是不把喝酒当成一件事，真喝起来的时候是生怕没让自己喝多。在英伦三岛，pub与其说是酒吧，不如说是个社区会所，是一个在附近工作或生活的人用来社交的地方；酒，主要是啤酒，是大家用来社交的润滑剂，是用来放松和娱乐的催化剂。全国总人口大约为6 400万的英国现在有5万左右的pub，也就是说，每1 300人，就有一家。可以说，在英国，只要是有人的地方，就必有酒吧，你走到再偏的地方都能找到酒吧，一个几万人小镇的pub可能比整个北京还多。笔者居住的北京望京地区，有60万常住人口，但酒吧数量用一只手就能数过来。所以，第一次去英国的时候极为震撼，怎么走哪里都是酒吧，酒吧比北京的兰州拉面馆、成都小吃店和沙县小吃店加一起还要多！

中国人也自古就喜欢喝酒，但为什么没有这种酒吧文化？我随便拍拍脑门，想一想可能有的原因：一是我们中国人从古至今长期受农耕文化影响，更强调血缘关系、地缘关系，人们对与陌生人的社交愿望没有那么强烈。二是中国老百姓从来就穷，直到现在，很多底层老百姓也没有什么钱进行一些哪怕是最基本的娱乐消费。很多工薪甚至白领阶层，特别在大城市，生活在巨大的压力下，根本没有什么闲情逸致去娱乐。相反在英国，贫富差距从来不是这么巨大，在工业革命时期，一个产业工人的时薪，够买10杯啤酒，而在中国，一个职工的时薪，够买1杯就不错了。三是中国社会一直缺乏一些类似于教堂、本地体育俱乐部这样的纽带，人与人之间很难有精神上的社区感，也缺乏类似的地方去聚集。四是中国很多人本身就十分内向，不善聊天。当然，这一点是因还是果，就需要社会学达人来解答了。

英国的pub起源于罗马时期，那时的罗马人在英国修路，每条路上都会修罗马酒吧(Tavern)，这是罗马人社交和喝酒的场所，后来的盎格鲁撒克逊人来了之后，又变成了艾尔啤酒屋Ale house。啤酒在当时是最重要的饮料，它有充足的营养，在卫生上还比饮用水更安全(因为啤酒酿造时需要煮沸灭菌)，所以那时哪怕是小孩儿也会喝一些低酒精度的啤酒。不过金酒(Gin)曾一度在英国极为流行，更便宜是其最大的因素。人们当时是如此地酗金酒，以至于英国政府在1830年颁布了一个啤酒屋法案，以期酒精度低点的啤酒能够挤掉金酒的市场，那就是允许任何一个家庭，自己酿酒自己在家里卖，所以那些Ale house, 小旅馆(inn), 还有数以万计的家酿啤酒作坊纷纷开张、开始卖啤酒，并被统称为public house, 简称pub。

Pub是英国人社区文化的核心，实际上英文单词local, 就是指本地pub的意思。这是整个英国文化的基石，这里是大家交朋识友，邻里寒暄，周末看看球赛，没事玩玩飞镖、打打桌球，还可以吃点便饭的地方。大家没事就会来这里,这里就是个社区的公共客厅,是大家享受美好时光的一个地方。不过这里最大的娱乐就是聊天,盛行东亚地区的各种酒吧游戏是绝对见不到的。认识不认识的人来到这里就是一顿狂聊,英国的pub很多12点前就得关门,关门以后,没得吃,没得喝,这帮人就站在大街上继续聊,聊到半夜才散场。英国人沟通能力这么强,都是从小练出来的吧。(最近几年英国还兴起了一种“小酒吧micropub”,就是只销售最简单的本地啤酒和小吃,禁止一切个人电子设备——主要指手机。去那里唯一“准许”的娱乐就是就着啤酒和别人聊天:腐国人民这是有多喜欢侃啊!)

纯正艾尔运动

英国人在酒吧里最主要的饮料就是啤酒，准确地说是本地啤酒，其中最有名和最传统的就是纯正艾尔啤酒（Real Ale）。国内其实一直都有英国传统啤酒出售，但并没有很多人喜欢，大家更多的喜欢比利时、德国和美国的啤酒。进口到中国的英国传统啤酒，很少给人留下什么深刻的印象，除了一些英国新锐的啤酒厂，受到消费者普遍欢迎的英国酒其实非常少，和英国在啤酒界的地位严重不符。

这里面最大的原因，是这种纯正艾尔啤酒本身就是一个啤酒世界的大奇葩：这是几乎唯一一种啤酒，在还没有发酵结束的时候，不经过滤灭菌，就被装到啤酒桶（cask）里发去酒吧，在酒吧地窖里继续陈酿和发酵。这种专门的啤酒桶的一侧有一个用来插塞子的地方，吧员根据经验，通过插一个通气的塞子来判定酒的成熟程度和二氧化碳的汽化水平。酒发酵好了以后，常通过一种手动的空气加压泵，把酒从地窖打上吧台。几乎所有其他酒都会在发酵后想方设法避免接触氧气以防氧化变味儿，而纯正艾尔一旦开始从酒桶出酒，酒就开始与空气接触，因此纯正艾尔一般只有最多几天的保鲜期，几天卖不完就过期了。

所以，纯正的英式艾尔啤酒，是没有办法出口的，因为它是一个有“生命”的酒。它无法接受过滤、灭菌、封装和长途运输，这样只能保持它的形，而不能保持它的神。它只能在离酒厂不远的酒吧里在短时间内喝掉，这也就是为什么很多国人对英国啤酒没有什么印象的原因：

要出口到中国，这些纯正艾尔啤酒，必然失掉它们最华丽的一面。

纯正艾尔啤酒一般都是没有泡沫的，满满的一个英式品脱杯全是酒，上面一层可有可无的淡淡的泡沫，酒的温度也一般在13~15℃，所以很多人第一次喝到英式艾尔啤酒都不理解：英国人怎么能把这种又"热"又"没沫"的酒叫啤酒呢？

大多数纯正艾尔啤酒，都是极好的畅饮啤酒(session beer), 就是你可以在一个session里, 比如一晚上的时间，喝很多杯也不会醉，但啤酒也足够有意思到让你不觉得无聊，所以这种啤酒一定是酒精度相对不高但风味十足，饮用温度比较高以让更多风味挥发出来，酒体有层次，平衡，回口干净。

正因为这种酒的消费方式，英国也是喝本地新鲜啤酒的代表国家，所以和其他传统啤酒国家一样，英式的酒吧里一定会有一排扎啤酒头。本地的桶装扎啤常常不经过滤和杀菌，啤酒会更加新鲜，对于绝大多数啤酒来说，这是最重要的。就算是过滤和杀菌后，与瓶装相比，桶装对啤酒的保护更好，因为桶装避光、抗温度变化、抗氧化。所以你会发现"老外"更喜欢选择扎啤，也许他们也不明白这个道理，但传统的文化已经让他们养成了这个习惯。

但你可以注意到，这种纯正艾尔啤酒，是种很麻烦的酒。我在美国参加过一个"纯正艾尔啤酒节"，各个展商都是现场开酒桶，于是听到无数酒桶嘣开酒洒向人群时带来的阵阵"惨叫"。纯正艾尔的酒桶操作和打酒系统需要吧员有丰富的经验，像对待一件艺术品一样地对待每一桶酒、每一杯酒。它的汽化水平相当不稳定，保鲜期只有几天时间，这根本不符合现代社会对“产品”的要求。要是把它们都像其他普通酒一样过滤、灭菌，用人工二氧化碳充气和打酒，那多方便简单省事省成本？于是，近现代以来，越来越多的酒厂和酒吧开始放弃传统啤酒，那些有生命的纯正艾尔啤酒，越来越少了。

不仅是传统的啤酒，传统的pub在英国也越来越少了。造成这一现象有很多原因：法律对pub税收、运作体制上的调整，逐年高涨的地价，大型超市兴起带来的廉价酒水，娱乐方式特别是家庭娱乐方式的多元化，在过去近一百年让越来越多的pub关门大吉。

这一切终于让一些英国人忍无可忍，揭竿而起。在20世纪70年代发起了纯正艾尔运动(Campaign for Real Ale, 简称CAMRA), 这是一个传统啤酒爱好者发起的民间消费者组织，他们的诉求就是支持本地pub, 保护和推广传统的艾尔啤酒和果酒，保护和尊重消费者权益。他们出书，出杂志，办啤酒节，进行各种推广。现在纯正艾尔运动在英国已有了超过15万的会员，号称世界上最成功的消费者组织。英国最近几年小酒厂数量激增，绝大多数都生产纯正艾尔，可以说他们功不可没。最近几年，他们更进一步开展了LocAle(就是本地艾尔啤酒Local Ale的缩写)运动，即鼓励和支持每一个售卖本地酒厂产品的pub。

CAMRA和现代的精酿啤酒运动其实不是一回事，它们的目的有交集但诉求完全不一样：它们都推广和支持小作坊啤酒生产，但CAMRA只关心本国传统啤酒是不是用传统方法生产，最重要的是不是通过传统的方式来销售，它并不支持现代意义的精酿啤酒，因为这些酒都不是纯正艾尔。所以说，纯艾运动CAMRA与其说是一个啤酒运动，不如说是一个保护英国传统的运动。但也正由于他们的努力，纯正艾尔这个啤酒界的奇葩，才得以逐渐复兴。去英国旅行的酒友们可以参考CAMRA推荐的纯正艾尔酒吧手册，去多多体验一下这类奇葩啤酒。

英式艾尔

纯正艾尔(Real Ale)并不是一种啤酒风格，而只是一种啤酒的生产和销售方式。这类啤酒最重要的载体，就是英式苦啤English Bitter，几乎每一家英国酒厂都有一款这类啤酒。

很多朋友一听“苦”字就怕，特别是刚接触精酿啤酒的酒友们，但英式苦啤的苦，是这个世界最柔和的一种“苦”，苦只是这种啤酒若隐若现的骨架，它还有其他更丰富的东西来丰满自己的曼妙身姿。

英式苦啤一般不添加除了麦芽、啤酒花和酵母之外的其他原料，但不同于很多比利时啤酒特别强调酵母、很多美式淡啤特别强调啤酒花，在英式苦啤里每一种原料都是主角，各具特色，交相呼应，一杯完美的英式苦啤，是这三种原料的完美合奏。

英国的麦芽首先就极为有特色。它不同于欧洲大陆的麦芽，欧洲大陆的麦芽多为春季大麦品种，英式麦芽大多为冬季品种，有一种特有的“英式麦芽”的味道，带来英式啤酒特有的麦芽感。英国人是如此重视自己的麦芽特色，以至于20世纪中期，随着工业化啤酒的大发展，当麦芽市场越来越混乱，农民们更关注产量和利润而不是酿酒师希望的质量的时候，英国由农业教授出面发起，通过传统优质英式麦芽的杂交、研发，规范和推广了一种新的麦芽品种——马里斯奥特(Maris Otter)，专门用于高品质英式纯正艾尔啤酒的酿造，保证英式特色麦芽的“万世一系”。这类麦芽带给啤酒的层次感、麦芽感，是很难在其他麦芽里找到的。

苦啤的"苦",当然来自于啤酒花,英国的啤酒花也很有特点。比起美国啤酒花的张扬绚丽,英国的传统酒花,比如富古(Fuggle)、金牌(Kent Golding),带给啤酒的都是非常内敛的苦,苦得柔和而低调,并且常带有明显但不张扬的果味。英式苦啤还使用"干投啤酒花"(dry-hopping)技术,就是在啤酒发酵结束后在啤酒桶中再添加新鲜啤酒花,进一步萃取啤酒花的香气。这项工艺是现代精酿啤酒运动中最常见的一种提取啤酒花香气的手段,被美国人玩儿到了极致,但从历史来看英国人已玩了上百年了。通过这道工艺,英式苦啤常带有英国啤酒花特有的花香、脂香和干菇一样的香料味。

在德式的淡啤或拉格啤酒中,酵母想尽办法隐藏自己,把空间都留给麦芽和啤酒花去发挥和创造,但在英式淡啤中,酵母同样是一个明星,几乎每一个酒厂都有自己的house strain,就是自家才有的特色酵母。这些酵母最大的特色就是有很多独有的花味和香味,发酵周期相对也短很多。对于英式苦啤,新鲜是最重要的,从发酵到你喝掉它的时间,几乎是所有啤酒中最短的。

正宗的苦啤都应该是纯艾,就是说一定是在扎啤桶中二次发酵、自我充气并通过空气压力出酒的。它的二氧化碳含量都比较低,就是所谓的杀口感不强,泡沫很少。但在英国有些地区,在扎啤酒头上会装一个类似于花洒的东西,能把酒里溶解的那点气都"挤"出来,形成更厚的泡沫层。这样可能更好看一点,但酒的杀口感就更少了。总之,这两种啤酒各有千秋,也各有市场。

英式苦啤没有一个明确的颜色标准，一般啤酒的颜色从淡黄到棕黄、棕红都有，酒精度越淡颜色越浅。酒精度最低的一般在3%左右，被称作普通苦啤(Ordinary Bitter)，和我国国内的工业拉格的度数一样了。但英式苦啤最厉害的一点就是在超淡的啤酒中做出丰富的味道和层次，让你觉得风味十足。坚实而柔和的啤酒花之苦配合着酵母的果味夹杂在麦芽的香甜之中，成就了世界上最好的畅饮啤酒(session beer)之一。比这个口味再重点的啤酒就叫优质苦啤(Best Bitter)，接下来就是更重的特制苦啤(Special Bitter)，以及最重的加重特制苦啤(Extra Special Bitter,简称ESB)，但就算是这种ESB，酒精度也就在5%~6%，不会超过6%。英式苦啤中，酒精度从来不是主角，一切都在于微妙的平衡，每一个味道都在那里，但没有一种唱主角。

和英式苦啤一样酒精度不高的session beer 还有柔和淡啤(Mild Ale)。这种啤酒也是一种曾经在英国很流行的啤酒风格，在现代已经逐渐式微，但随着这波精酿啤酒的浪潮也正在重新被更多的人认识。比起英式苦啤，柔和淡啤的颜色一般更深，主要是深棕色；酒体回口会更甜一些，啤酒花的苦味极为柔和；酒精度在历史上曾经很高，但随着英国按酒精度征税的制度执行，现在通常只有3%左右，不超过4%。酒体的颜色来自于添加了更多深度烘焙的麦芽。这些麦芽通常带来一些焦糖味、巧克力味，配合微妙的啤酒花之苦，酵母的果香和果味，和一个干净的回口，让其成为过去英国南部工人阶层最喜欢的啤酒风格。

英式棕啤(English Brown Ale)可以看作是一种Mild Ale的增强版。过去在英国北部较为流行，那里有更多的工业和矿业，工人们需要更强一点的啤酒来满足干了一天体力活的自己。所以这种酒的麦芽香和味都会重一些，酒精度也在4.5%左右，颜色从深红到深棕都有，有明显的焦糖感但回口依然干脆，也具有英国传统酒柔和的特点。

接下来是英式淡啤(English Pale Ale)。这种风格的啤酒也许算得上现代精酿啤酒的鼻祖，它直接影响甚至催生了当代精酿啤酒运动，可以说，没有这种风格的啤酒，也就没有现在的精酿啤酒。

现在大家约定俗成，把Pale Ale翻译成“淡啤”，其实是不太合适的。这里的Pale是指颜色浅的意思，所以可能翻译成浅色啤酒更为恰当。以前由于麦芽的烘焙技术所限，所有麦芽都是深色的，导致所有啤酒都是深色的。18世纪发明焦炭烘焙技术后，才出现了浅颜色的麦芽，就是Pale Malt, 继而出现了浅色的艾尔啤酒Pale Ale。

以前人们对啤酒内在的化学反应其实是完全不了解的，所以不同地区的人因地制宜做不同的酒。尤其是水的不同，造成不同地区的酿酒师擅长做不同的酒。比如在捷克的皮尔森地区，只有当地的软水才能带来最特别的皮尔森。而英国就有一个特别的地区叫Burton-upon-Trent, 当地的水质特别硬，特别适合用这种淡色麦芽做英式淡啤，做出来的酒回口特别干，啤酒花味非常脆。直到现代，很多酿酒师想让水质变硬的时候，用的术语还是burtonize，就是说把水变成Burton的水的意思。

当代英式淡啤其实就是较烈的瓶装化的英式苦啤，中等颜色，5%左右的酒精度，经过了过滤、灭菌后装瓶。正是这些简单并充满风味的酒，在20世纪80年代初，成了众多美国家酿啤酒爱好者尝试的酒。然后他们就发展出了自己的美式淡啤American Pale Ale，并最终以此为起点，改变了全世界，这点在接下来的章节会重点介绍。

这种啤酒的加强版，就是现在被很多精酿啤酒爱好者挂在嘴边、流行全世界的印度淡啤（India Pale Ale，简称IPA）了。

印度也许是中国大众最不了解的国家之一，很多人想当然地把印度和野蛮落后联系在一起。不过说到啤酒，那里倒真是和中国一样的一片荒漠，主要原因是在宗教文化上他们就排斥酒精，民间只有酗酒文化没有品酒文化。所以一听印度淡啤India Pale Ale，很多人都觉得奇怪，怎么会有一种印度啤酒风靡世界？

印度其实也挺有意思，现代的主流饮食娱乐文化基本和印度没什么太大关系，但是因为英国和印度的关系，很有一些文化元素来自印度，并影响了世界。比如以前的世界party重镇Goa，那里本是印度的一个海边小城，因为嬉皮运动的影响，在20世纪末聚集了大量的欧美特别是英国年轻人来此狂欢。在此背景下一些音乐人发展出了一种更迷幻、节奏更快的舞曲，人们就把这种舞曲叫作Goa trance，远播世界。被很多人认为是世界第二流行的体育运动（以全球普及度、流行度、观众的严肃程度综合考虑)——板球,也是由英国人带给了印度。印度板球联赛是世界上市值最高的几个职业联赛之一,可以说印度人对板球是举国疯狂,印度绝大多数稍有运动天赋的小孩儿都去打板球了,正因为他们对板球疯狂地热爱,才让这项古老的运动至今在世界上仍然生机勃勃。

聊得有点远,但IPA也是这样,也是因为英国人,“印度啤酒”变成了一种流行全球并改变了几乎全世界啤酒格局的东西。

在17世纪,大量英军驻扎印度,而啤酒在当时对英国人是一种生活必需品,不是说英国人没酒就活不了(当然也差不多),而是在当时的卫生条件下啤酒几乎是唯一的可以大量饮用的安全饮品,被煮过,有酒精,有啤酒花这个天然防腐剂,除了啤酒真是没得喝了。但印度不产啤酒,没大麦,气候也不适合酿酒,这可把英国人给苦的,只能从其国内运了。你可以想象,在当时的条件下海运一趟少说得好几个月时间,又没有冰箱,啤酒的保存是个很大的问题。那怎么办?如果几个月没酒喝的话根本没有水手愿意上你的船。终于有一天,一家英国酒厂想出了办法:他们提高了普通淡啤的酒精度,增加到7%以上,并且加入大量的啤酒花,然后让啤酒至少在桶里发酵几个月时间,消耗掉所有的糖分,不给其他细菌生存空间,装桶后还加入大量啤酒花作防腐剂。这样极大地延长了啤酒的保存时间。

这样的啤酒到了印度也很难变坏,还有强烈的啤酒花香,所以迅速地就在印度流行了起来。但在现代精酿啤酒运动开始以前,IPA其实已经基本绝迹，在英国也基本等同于了英式淡啤，所以现代IPA真正的起源却是在30年前的美国，它现在才刚刚进入自己最美妙的青春期，正光芒四射，横扫全球。这些将在美国啤酒一章再详细讲。

英国的“黑啤”

波特(Porter)和世涛(Stout)是起源于英国的两种最经典的“黑”啤风格。前面说过，我们国人最常见的啤酒分类法就是把啤酒归为黄啤、白啤、黑啤，这种分法的错误之处在于啤酒的颜色和啤酒本身的所有指标——色、香、味、酒精度、苦度以及其他任何东西，可以是完全没有关系的。这一节我们可以看到，光是世涛黑啤，就可能有无限种，仅仅一个“黑”字，根本无法说明任何问题。

当今啤酒世界里，波特和世涛是很难分别的，两者有很大的交集，但波特其实是世涛的前身，实际上，世涛以前就叫波特世涛(Porter Stout)。这种风格的名字的基本形式起源于17世纪初的英国。相传在那时的英国，人们喜欢把不同的啤酒像调鸡尾酒一样混在一起喝，其中有一种混法特别流行，于是有位老哥看中了这个商机，推出了一种啤酒，不用调配，直接就是那个味道。这样当然能省吧员很多事，酒客们也更方便，于是迅速地流行了起来，特别是伦敦的码头工人们更视之为挚爱，以至于后来，人们直接把这种啤酒称为波特啤酒了。(Porter即搬运工。)

波特啤酒的流行催生了英国啤酒史上最大的惨案。当时的工业革命让英国的啤酒商们开始把啤酒发酵桶越做越大以降低成本，但现代的不锈钢啤酒罐还没有出现，木材仍然是主要的酒桶原材料，纵使这样，最大的啤酒桶，仍然被做到了能装下330吨啤酒的大小，也就是近1 000万瓶啤酒的容量。这么巨型的啤酒桶，不出事是不可能的。终于，在1814年，伦敦城中一个酒桶爆裂，洪水一样的波特啤酒冲刷了伦敦的街道，摧毁了附近的建筑，8人不幸遇难，造成了啤酒生产史上最大的惨案之一。

英国所有的黑色啤酒，在近代都逐渐式微，其他风格啤酒的流行，战争的消耗，都是重要原因，波特啤酒是重要的受害者。但随着精酿啤酒的发展，不管在英国还是美国，都又开始出现越来越多的波特啤酒。

虽说现代波特啤酒和世涛黑啤很难分辨，有很大的交集，但还是有一点点小的区别。首先，虽然都是"黑啤"，但波特啤酒的颜色可以稍浅一些，有时并不是纯黑，可以是偏淡的黑色带着棕红色，酒体虽然饱满，烘焙感有时并不如世涛那样强烈，但比一般棕啤要明显。其次，像很多英国酒一样，波特啤酒酒精度一般都不会太高，常在4%~5%；柔和的酒花和果香的酵母，仍然是其明显的特征。

接下来就是世涛，而世涛里最广为人知的，就是爱尔兰式干世涛（Irish Dry Stout）。世界上没有哪种啤酒风格像这种啤酒一样，几乎仅仅由一个酒厂定义、发明，并推广和流行到了全世界。因为说起爱尔兰世涛黑啤，很多人下意识地就想到源自爱尔兰的健力士（Guinness），这甚至是世界上最有名、最经典的啤酒之一。

其实按现代精酿啤酒的常用标准，已经很难把健力士定义为"精酿啤酒"了，无他，只因它已经是个庞然大物了。现在这个有着250多年历史的爱尔兰本地啤酒品牌，在超过60个国家有生产基地，在几乎所有的国家都有销售，年产量高达8.5亿升！在国内大部分的城市，只要是稍有外国人涉足区域的酒吧，都能看到健力士那个著名的Logo和扎啤供应，很多国内超市也有罐装的经典健力士售卖。

捷克的皮尔森啤酒一旦出了国，开始大规模商业化生产以后，很快就变了味，味道越变越淡，终于变成了现在的工业啤酒。同样的事并没有发生在健力士身上，实际上，当健力士在18世纪开始生产世涛黑啤以来，就一直专注于自己的独特风味，而且健力士不仅在酿酒界，在整个食品界都率先创新和引入了严格的质量控制体系，直到现在，在食品饮料行业很多关于质量控制的理论都是当年健力士酒厂提出并率先使用的。为了保证品质的一贯性，现在酒厂单单是研究泡沫的就有一个欧洲的博士团队；在爱尔兰国内甚至还有一种专门的工作，就是成天被专职司机拉着，满爱尔兰酒吧到处喝酒，就是了解酒吧对打酒系统的维护保养以及吧员对扎啤打酒系统的使用情况（相比而言，国内扎啤现在最大的问题就是扎啤系统的设计、清洗和维护。见过太多酒吧，完全因为扎啤系统的设计不科学以及清洗不完善而毁掉了一杯好酒），当然还检查酒的品质：这可能是世界上最好的工作之一了吧。

现代健力士啤酒公司因为上市的原因在法律上已经是英国公司了，但它在所有人心中仍然是爱尔兰的国酒。250多年前，健力士爵士（Sir Arthur Guinness）在都柏林市中心签下一份9 000年的租约，租下一块地，成立了健力士啤酒厂——一个建在市中心的巨型啤酒厂。从那时到今日，爱尔兰和英国境内的健力士啤酒就一直产自这里。

这里几乎是爱尔兰最大和最有名的一个旅游景点，所有来爱尔兰旅游的人都会到都柏林，而所有到都柏林的人，都会来这个酒厂。这里有一个巨大的健力士啤酒博物馆，骄傲地展示着与健力士相关的历史文化和一切。博物馆的八楼顶楼是一个360° 的全景酒吧，免费供应参观者一杯最新鲜的健力士黑啤。这里也是整个都柏林市的最高点，是游客的必到之地。

一杯上好的正宗健力士，一定是以扎啤的形式从桶中打出来的。健力士严格规定了吧员打酒的步骤，简单说就是先把酒杯45° 倾斜，打到大半满的时候让酒沉淀一下，然后再直接打满。严格执行的话整个过程是119秒，一杯酒正好泡沫升腾完毕，展露出最经典的健力士的面容。我曾在很多爱尔兰的小村子里喝过酒，哪怕在周末酒吧爆满人们排着长队买酒的时候，你点一杯扎啤吧员也会让你等上两分钟，慢悠悠地把酒给你打出来。这一切，就是为了把这个世界上“长得最好看”的啤酒（之一），完美地展现给每一个消费者：像沙粒一样的气泡慢慢地向上升腾，在那个通黑透亮的酒体和雪白而致密的一层泡沫之间出现了一个分明的界限，形成强烈的对比。不难想象，健力士的很多广告和招贴画，什么都没有，就是这样的一杯酒，就迷倒了众多的酒客。

健力士的特色泡沫来自于氮气的使用。一般啤酒都是用二氧化碳充气，而健力士主要是用氮气，这样泡沫会更致密。它的扎啤的酒头也是经过专门设计的，酒被打出来之前，会被压过一些小孔，挤出酒中溶解的气体，这样就让酒感更干，而泡沫也更加丰富。

长得虽黑，但健力士的确是极好的一款畅饮啤酒(session beer)。持久而致密的泡沫一入口，首先就带给人奶油一般的感觉；深色麦芽的烘焙感柔和地展现在淡淡巧克力味的酒体中，麦芽味适中，轻柔的啤酒花之苦与之平衡，回口极干，颇为爽口，喝一晚上也不腻味；4.2%的酒精度也让你不用担心大醉的问题。

健力士这么爽口，其实有一个小秘密。相传健力士酒厂曾经让一些酒故意酸掉，然后灭菌再混入啤酒中，那一点点的酸味让回口更加犀利，入口更加容易。当然，健力士酒厂一直对这种酿法不予评论，但世界各地的家酿啤酒爱好者，甚至包括很多商业酒厂，都会采用这个办法，让自己的干性世涛更加爽口。

再说个有意思的故事，大家耳熟能详的健力士(又称吉尼斯)世界纪录大全，也是这家酒厂60年前的厂长创办的。原因很简单：全世界的男人都一样，喝完了酒就爱吹牛×，吹完了谁也不服谁。这时，健力士就站出来了，说：这样吧，我们赞助，设立吉尼斯世界纪录大全(Guinness World Records)，以后谁也别吹了，以书的认证为准。从此，这个世界清静了，这本书每年更新出版，和健力士啤酒一样，畅销全球。

爱尔兰还有其他一些干式的世涛黑啤(Dry Stout)。在南部一些地区，墨菲斯(Murphys)和比米斯(Beamish) 才是最流行的黑啤。在第三大城市科克(Cork, 8万人口)，因为当地人的本地意识极强，酒吧里完全看不到健力士,若有外国人不了解状况,想点一杯健力士,常会被吧员投去奇怪的眼光:对不起,我们只卖墨菲斯!其实这些酒的差别极小,不注意根本喝不出来,就像北京人爱喝燕京、哈尔滨人就爱喝哈啤一样,只是个地域品牌的偏好罢了。

爱尔兰是个非常传统的国度,当地人对本民族文化和传统的维护到了令人发指的地步,当地有各种世界上最"职业"的纯业余体育联赛(有兴趣的朋友可以搜一下Hurling和Gaelic Football,它们绝对让你叹为观止,可谓人类体育竞技的最理想主义形式),因为他们最热爱,也想保留自己本国传统的一些体育项目。他们对于本国啤酒更是这样,健力士骄傲地把自己和爱尔兰文化与传统联系在一起,是爱尔兰人民族认知的一部分。前些年健力士的母公司想把酒厂从都柏林市中心搬到郊区去,竟然直接被市政府禁止,因为这酒厂已经是爱尔兰的一部分了。

所以在这样的氛围下,爱尔兰精酿啤酒的发展其实颇为受限。健力士长得又好看,喝着又好喝,极其适合当地的pub文化,其广告又多,也全方位控制着渠道,历史悠久又是本国文化的象征,所以其他啤酒很难兴起和发展起来。其实这也就是美国人定义精酿啤酒的时候一定强调必须是小规模的独立生产商才有资格冠以精酿的原因。只有这样才能保护小型啤酒商,保护精酿啤酒的创新精神,保护本地企业,保护啤酒的多元化。所以不管健力士多好,在美国也不能被称为精酿啤酒。也正因为爱尔兰以前没有这样的精酿文化,所以消费者的啤酒选择极为受限,健力士再好,天天喝也腻味不是?事实上,爱尔兰作为一个有着悠久啤酒酿造历史的国家,也曾经有过数百家啤酒厂，正是因为这些大厂的挤压，到20世纪末，只剩下寥寥几个大品牌了。

但这里毕竟是离美国最近的欧洲国家，又以英语为第一语言，美国的精酿文化还是在20世纪末慢慢地来到了这里，家酿啤酒文化和精酿文化逐渐兴起，一些小的酒厂和自酿啤酒屋慢慢地发展起来，一些老的酒厂也开始推出明显有现代精酿特色的啤酒。最早的一家精酿啤酒屋是位于都柏林市中心酒吧区的Porterhouse，现在已经将分店开到了纽约，算是爱尔兰精酿啤酒的急先锋了。

除了经典的爱尔兰干世涛，世涛黑啤还有很多小的分类，这里面，最有意思的就是生蚝世涛（Oyster Stout）了。

很多国人一听生蚝加到啤酒里就傻眼了，这怎么能做啤酒呢？！首先是很多国人对生蚝有误解，觉得它长得黏糊糊的，有点恶心，国内一般也是用来烤着吃，加上料才有点味道。其实生蚝确是美食界的一种极品，你觉得不好吃只是因为国内的食材本来就问题多多，更不用提生蚝这种精致的海产品了，好的生蚝都产在国外，而且一定要生吃，那种柔美的鲜香，哪怕海鲜里也是极为少见的。网上有一篇美食达人写的《一入蚝门深似海》，没试过顶级货的朋友可以找来看看，下次出国的时候多品尝品尝。不出意外的话，你一定会欲罢不能，恨自己怎么没有早点认识到它。

生蚝世涛最开始出现的原因有两个说法，一是生蚝和世涛本来就是极佳的搭配，前者的鲜香和后者的干爽完美结合，一直就是很多人都喜欢的组合，于是就有人开始把这两种东西直接融合在一起，酿造添加了生蚝的世涛啤酒。还有一种说法是生蚝的壳能增加啤酒钙含量，以前在一些缺钙的水源地区，人们就需要添加生蚝壳来优化酿造水，逐渐地把整个生蚝都加进去了。

一款好的生蚝世涛，黑麦芽的烘焙味应该更加柔和，你应该不能明显地尝出生蚝的味道，而只是若隐若现地有那么一点点的鲜味在回口里。这种平衡是最关键的一点，你毕竟是在喝啤酒，而不是喝生蚝汁。也有一些酒虽然标注为生蚝世涛，但并不直接添加生蚝，而是说推荐用来搭配生蚝饮用，只是一个广告噱头罢了。

每年9月在爱尔兰的高威（Galway）都有生蚝节，全场都是不要钱一样的爱尔兰黑啤和刚出海的各式新鲜生蚝，如果你秋天去英伦三岛旅游的话，一定不要错过。有一些缺乏生活常识的朋友会觉得海鲜配啤酒会导致痛风，其实不然，这个在接下来关于啤酒与健康的章节里我会详细解释。

燕麦世涛（Oatmeal Stout）也是常见的一种世涛黑啤，燕麦片大家都很熟悉了，啤酒酿造中添加一些燕麦片能给啤酒增加一种“丝质顺滑”的口感，也能使酒体给人一种更加饱满的感觉。燕麦世涛也是在最近几十年才在英美重新兴起的，特别是在家酿啤酒爱好者间很是流行，因为对于很多西方人来讲，燕麦是早餐重要的成分之一，直接就能刺激自己的食欲，把它和最爱的黑啤组合在一起，是再合适不过的了。

说起早餐，当然离不开牛奶，燕麦都加进来了，牛奶世涛Milk Stout或者Cream Stout当然也不稀奇了。这种搭配其实是英国一个相当传统的啤酒风格，这种啤酒被认为是很有营养的啤酒，在当时是孕妇和哺乳期妇女的推荐饮品。当然，随着酒精对胎儿的影响的研究，这种做法在现代也不那么流行了。这种世涛并不会直接添加牛奶，而是添加奶糖，这是一种啤酒酵母无法发酵的糖类，所以带给世涛更高的酒体和一点甜味，带来一种更厚实的平衡感。

世涛黑啤里常常会用到数种深色和黑色的麦芽，为的就是带来烘焙感的不同层次。不同的烘焙麦芽还常常会带来程度不一的巧克力味、咖啡味，自然而然地，就有人直接把巧克力和咖啡加入世涛与之相配合，带来更明确的口味，这就出现了巧克力世涛（Chocolate Stout）、咖啡世涛（Coffee Stout）或者巧克力咖啡世涛，咖啡世涛是现在相当流行的一种精酿啤酒风格，各种酿造方法都被使用到了这种啤酒中，为的就是提取出最新鲜、最浓郁、最平衡的咖啡味。现在在美国，和精酿啤酒运动一起流行的还有精品单品咖啡运动，很多城市，比如波特兰、西雅图，不仅是精酿啤酒重镇，也是精品咖啡文化中心，他们自然而然地在咖啡世涛上推陈出新，创意无限，很多特色和极品的咖啡豆都被应用到高品质的咖啡世涛里。笔者在美国参加过一个小型的咖啡啤酒节，满场几十种各具特色的咖啡啤酒，场面颇为震撼。目前国内的精品咖啡也开始在大城市流行起来，我们也曾首创性地精选了6种不同特色的单品咖啡豆，根据它们的风格与6种啤酒风格融合起来，酿造了6款不同的咖啡啤酒，大开了啤酒和咖啡爱好者的脑洞。可以想象，这类咖啡啤酒将很可能成为中国精酿啤酒风格中另一个热点。

这两种世涛中还有种常见的辅料就是香草（Vanilla），这种香料可以很愉悦地融入咖啡味和烘焙味中，所以你常能见到诸如Chocolate Vanilla Stout, Coffee Vanilla Stout或者Chocolate Coffee、Vanilla Stout的酒标了。

传统的世涛黑啤，不管是加了奶糖还是咖啡还是生蚝，酒精度一般都不会太高，但日不落的大英帝国需要把啤酒运到很多更远的地方，就像IPA的出现一样，高酒精度、高啤酒花含量的啤酒，更适应长距离的运输。当年的俄国凯瑟琳女皇去过英国后，喜欢上了世涛黑啤，而为了把酒顺利地从英国运到遥远且喜欢烈酒的俄国，自然而然地，一种更烈、更厚、更重口味的新的啤酒风格——帝国世涛（Imperial Stout）就诞生了。这种风格的啤酒度数常在10%以上，细菌已无法生存，可以长时间运输，而且本身就需要长时间的陈酿才能有更好的口感。这种啤酒的厚度足以融入众多的口感和层次，除了世涛常见的巧克力味、咖啡味，很多香料味、酒精的焦灼味、更高的酒花味，都会出现在帝国世涛里。

现代精酿啤酒中的帝国世涛早已变得比过去复杂，特别是橡木桶陈酿技术的流行，让这种传统啤酒更加的妖娆多姿。各式各样的橡木桶，各种陈酿序列，被广大的精酿啤酒师们一一尝试，带来无数可能。再加上酸性细菌的广泛使用，甚至故意氧化的各种奇葩工艺都被融入这种烈啤之中，呈现出一片欢乐的景象。

其他英国啤酒

在现在这个满是IPA的精酿啤酒世界里，酿酒师们把啤酒花的特性发挥到了极致。在同样的谱度上，把麦芽发挥到极致的，就是苏格兰（式）艾尔(Scotch Ale and Scottish Ale)了。

一提到苏格兰的酒，很多人就想到了苏格兰的威士忌，这是流行全球的硬货，拥有众多追随者。这样的年份烈酒需要一个社会有悠久的酒史、完善的信用体系和匠人一样的酿酒师，这让苏格兰人得天独厚地在威士忌圈占有最重要的地位。但其实当地的啤酒史一样源远流长，别忘了，威士忌在工艺上讲，其实就是蒸馏过的啤酒而已，且威士忌在苏格兰只有几百年历史，而啤酒早已有上千年历史了。

苏格兰当地的地理气候直接决定了苏格兰啤酒的特色。首先，当地不产啤酒花，所以苏格兰啤酒的调味品一直是当地的各种草料和辛料，这给当地啤酒的口味带来了很广阔的多样性。特别在早期，苏格兰都是家庭妇女在家酿酒，每家每户酿的都是不同的啤酒，自家喝不完的放在门口卖。近代以来啤酒花成为啤酒中主要的调味料，但苏格兰的酿酒师们，出于传统，及对“英国货”的抵制和对成本的考虑，一直只使用很少的啤酒花，以致苏格兰啤酒的苦度值都非常低，基本没有啤酒花味和啤酒花香。现代精酿啤酒运动以来，很多苏格兰酿酒师开始复古以前的啤酒，以当地香料为主要的调味料并形成了明显的特色。

其次，苏格兰是个闻名全球的大麦产地，其实倒不是他们有多喜欢种大麦，而是当地阴冷的天气只适合种植大麦，要不威士忌怎么会这么有名呢？由于生长缓慢容易积累麦芽的风味物质，而且大量的种植也降低了成本，所以麦芽就成了苏格兰啤酒的重头戏，IPA啤酒的麦芽版，就是苏格兰艾尔啤酒。

最后，在当地的气候条件下，酵母还让酒变得更具麦芽甜，这是因为一方面低温让发酵时间变得缓慢而悠长，这也压制了酵母的活性，让其产生很少的风味物质，就像拉格酵母一样，使啤酒产生更纯粹的麦芽味；另一方面低温也容易让酵母提前终止发酵，留下更多的糖分在酒里，使得麦芽甜更加厚重，当然也更适合当地的大冷天了。

所以，三个因素加在一起，造就了苏格兰传统啤酒特有的风味——较厚重的颜色、平滑丰富的口感、深厚的麦芽味。当地特色的啤酒麦芽会带来一点点的香料特别是香草的味道，但你喝不到太多酵母发酵的痕迹。现代啤酒可能啤酒花会稍多，但最多会多一点点的啤酒花的苦味稍加平衡，绝闻不到啤酒花香。就像第一次喝IPA的人嫌它是黄连水一样，第一次喝传统苏格兰艾尔的人，就嫌之是麦芽甜水了。

按酒精度的高低，从4%～5%到7%以上，分为Light、Heavy、Export、Wee heavy 这几种类型。另外一种分法是，偏淡口味的称为苏格兰式艾尔（Scottish Ale），偏重口味的称为苏格兰艾尔（Scotch Ale），颇为绕口。

现在我们国内流行一种来自美国肯塔基州的波本橡木桶陈酿过的艾尔啤酒。美国法律规定只有肯塔基州产的威士忌才能叫波本，而波本的酒桶规定只能使用一次，所以这款啤酒想不流行都难，因为橡木桶啤酒最大的一块成本，直接被它省掉了。到了苏格兰，这个满是世界顶级威士忌酒厂的国家，最不缺的，就是各式各样的世界其他地方难得一见的极品烈酒桶了，所以当精酿啤酒运动席卷到苏格兰之后，橡木桶陈酿啤酒理所当然地就成了苏格兰一大特色和主流产品。精通威士忌酿造的酿酒师们在技术层面上对啤酒的酿造自然而然地就可以很快上手，这也让苏格兰现在的精酿啤酒飞速发展起来。

在苏格兰的这股精酿啤酒风潮中，最被人所熟知的，就是酿酒狗（Brewdog）了。2008年，两个苏格兰小镇的年轻小伙，在自己的车库里捣鼓啤酒，成立了酿酒狗公司。短短几年时间，酿酒狗已经成了英国最具风头的精酿啤酒品牌，公司把直营酒吧开到了东京，甚至在中国的销售都达到了遍地开花的地步。2014年中国某地开了个山寨的Brewdog酒吧，成了国际精酿啤酒圈的一个笑谈，酿酒狗官方更是打趣一样地回应道：没想到，仅仅五年时间，我们就从一个两个人的车库公司，发展成了远在中国都有人山寨我们的公司了。

说到山寨，不要说酿酒狗，就连牛啤堂，才开业不到几个月，在东北某地就出现了山寨酒吧，这让笔者感到颇为荣幸。中国虽然山寨文化流行，但当这样的事发生在精酿啤酒圈时，其实还是让人颇为扼腕。现代精酿啤酒的精神其实就是创新，就是诚实地做自己，这是一种健康向上的文化，不尊重这个文化，精酿啤酒就只有形没有神，也不会像现在这样如火如荼地发展。对消费者来说，以抄袭的方式来推广精酿啤酒，就像在国外吃中餐一样，再正宗，也比不上国内的味道。

扯远了，酿酒狗这么成功，和它一样经典的创新是最重要的原因。比如他们一开始就极力强调啤酒花，大量使用美国啤酒花酿造重口味的美式IPA，这在全是"甜"啤酒的苏格兰当然是一大新鲜事。他们的口号就是In Hops We Believe：我们爱死啤酒花了！这样的产品在英国当然有很大的区分度，适逢精酿啤酒革命，自然脱颖而出。但他们真正厉害的，是把创新精神应用到了啤酒包括整个酒厂的方方面面，整个市场推广、品牌包装，甚至酒的命名，包括酒水的销售渠道、销售方式等，都进行了各种创新，充满了自身特色。也许很多人觉得这和酒本身没什么关系，但精酿啤酒本身就是一种文化，酒只是这个文化的载体，就像美食一样，对于一道美食，你难道可以不在乎菜品长相、餐馆感觉这样的东西吗？

酿酒狗还推出了很多有名的超高度数啤酒，免费得来许多广告。一般酵母即使想尽办法最多发酵到10%多就会因为酒精度太高而停止发酵，一些特别的酵母可以发酵到20%多，但那已是最高了。做威士忌等烈酒的人会采用蒸馏的办法来提纯，进一步提高酒精度（这类酒在英语里统称Spirits），所以以酿酒狗为代表的公司，这时就玩儿了个概念，不是用蒸馏就是Spirits而不是啤酒了吗？那就不蒸馏改冰萃取得了。酒精和水的沸点不一样，冰点也不一样，利用冰点的不一样分离开酒精和水，得到了更高度数的"啤酒"。德国的Icebock啤酒就是这样处理过的，但度数最多百分之十几，而过去几年以酿酒狗为代表的几个公司，轮流生产这种“最高度数的啤酒”，把酒精度从30%做到了现在最高的达到了67%，赚足了眼球。我觉得，这些都是很无聊的噱头，啤酒经过冰提纯到30%以上以后，在我看来和喝麦芽浆加酒精没什么区别了，酒体过于厚重，新奇感大过内容，不推荐给爱好者。但如果你就是图个新鲜，又不差钱，倒也可以尝试。

英国其实也有自己的传统烈啤。除了上面讲过的帝国世涛外，就是大麦烈酒(barley wine)了，这种酒的度数可以从接近10%到百分之十几，甚至超过很多葡萄酒的度数，但这并不是这种酒叫大麦“wine”的原因，它的做法、用料等也和“wine”没什么关系。

相传法国人在英国当国王期间，他们当然把自己的饮酒习惯带到了英国，葡萄酒成了皇室餐桌上的东西。渐渐地，在英国社会大家觉得葡萄酒才是身份的象征，那是高档货。但英国毕竟不产葡萄，当时的货运受到诸多因素的影响，供应不会稳定，而且英国的大众仍然是喜欢大麦做的啤酒的。适逢18世纪初，各方面技术开始进步，麦芽制备技术、酿造技术越来越成熟，英国的酿酒师已经可以做出一些高度数的啤酒了。这些酒在层次感、力度、复杂度上，可以做到不逊于甚至超过法国的红酒，但这些酒在当时最大的问题就是成本过高。每酿一批这样的烈酒的时候，都是一个酿酒厂最忙碌的日子，需要提前很多天准备，甚至还需要提前很多天酿一些淡啤来繁殖足够多的酵母，而且这样的酒需要长时间地发酵和陈酿，因此售价会比普通啤酒高很多。恰巧当时的英国已经开始大踏步地走在了通向富裕的康庄大道上，出现了一大批有钱的中产阶层，他们当然买得起，也愿意选择这样的英国大麦“wine”了。

传统的大麦烈啤不会像帝国世涛一样大量使用深色和黑色麦芽，而是大量使用淡色麦芽，有时还会直接加糖来提高酒精度，大量的高活性酵母也会被加入到啤酒中。总之，为了酿出一款好的大麦烈啤，酿酒师需要使用许多一般啤酒用不到的工艺和技巧，这在当时绝对是个高精尖的技术活，所以每一款酒都是酿酒师引以为傲的作品。这样的酒，经过少则数月，多则数年的陈酿后，会展现出丰富而饱满的口感，层次多样而复杂；这样的酒精度能容纳和平衡足够多的味道，回口饱满多汁；这样的酒适合细品，它能带给你也许只有一杯上好的烈性葡萄酒才能带给你的快感，甚至还能有更多的可能性。在当时的英国，这种酒是和上等法餐一起摆上桌的高档货。

随着精酿啤酒运动的兴起，这种上好的大麦烈啤也在慢慢地恢复它本来的“社会地位”。在欧美很多上档次的高级餐厅，葡萄酒已经不再是唯一的佐餐选择，啤酒，特别是烈啤，正在卷土重来。不过当代版本的大麦烈啤，受这股精酿啤酒运动，特别是美国酿酒师的影响，更追求酒精度，追求复杂，追求夸张，追求炫目。而传统的英式大麦烈啤，和其他英国酒一样，追求的是一种平衡之美，这在当今世界已经越来越少见了。

英国最近几年每年都会诞生超过200家啤酒厂，现在已经有了历史上最多的啤酒厂，最新的数据是每5万人就有一个酒厂，已经成为世界上啤酒厂最密集的地区之一。现在的英国，在精酿啤酒的热度上也许还比不上美国一些大城市，但也已经相当繁华。英国是传统啤酒国家里现代精酿啤酒起步最早、发展最快的国家，前途无限，让我们一起期待吧。

▲

存放纯正艾尔扎啤桶的地下室：当今酒桶都已是不锈钢制作的，但原理和过去是一样的——酒桶上方有开孔，通过一个塞子控制内部压力，从酒桶侧下方出酒

▲
温暖，木头，长吧台，一排扎啤酒头，特别是纯正艾尔的手动酒头，是传统英式 pub 的标配

▲

在都柏林市中心的健力士啤酒厂顶楼（也是都柏林的最高点），喝上一杯健力士

▲

英式纯正艾尔的酒头，打酒时拉动手柄，抽入空气，把酒从地下室压上来。在英国看到这种酒头，就肯定是纯正艾尔了

◀

酿酒狗的两款烈啤：酒精度分别达到了 18% 和 41%。虽然现在已经有了不少更高度数的啤酒，但这两款酒在当年推出时确实属于“神物”级别的。也是赚足了噱头，引起了极大的关注

2.2 到底什么是德国啤酒

国内的德国啤酒

德国啤酒表面上看是国人最认可的啤酒种类了。首先是遍布全国各地的“自酿啤酒坊”，它们都爱打德式鲜酿啤酒的噱头，大多喜欢鼓吹自己“采用传统原料”“纯正传统德国工艺”生产，再搭配点“德式香肠”，找几个中国人穿德式服装当服务员，往往门庭若市，特别是到了夏天，好不热闹。这些地方在国内往往属于中高档消费场所，价格不菲，也更让人觉得这才是真正的德式啤酒。

德国的慕尼黑啤酒节也更是广为人知。许多国人到了初秋慕名而去，国内也会出现各种打着慕尼黑啤酒节的啤酒花园，而中国的几个著名的大型啤酒节，其形式也基本照搬德国的模式。这些地方往往成了豪饮啤酒的场所，尽管这里的啤酒价格昂贵，但许多人都不醉不归。

很多人都听说过中国最有名的啤酒品牌——青岛啤酒，其实就是德国人百年前在青岛创办的，青岛啤酒成立百多年，拿得出手的成绩也是目前仍然在宣传的，就是百年前德国人还在时在巴拿马世博会上得到的一个什么啤酒金奖。青岛啤酒当然也有着强烈的德式啤酒的影响，并且也乐得把这个当作自己的宣传点。消费者就更买账了，谁不喜欢德国货呢！

哪怕是超市里，也充满了各种真假难辨的进口德国啤酒，有好几十块一瓶的，也有几块一瓶的，销量都非常不错，虽然有一些就连德国人自己也没听说过。很多人想买点“好啤酒”的时候，都会去下意识地挑选这些比较昂贵的德国啤酒。酒吧里更不待说，哪怕是在一些以啤酒为主题的地方，德国啤酒往往也是销量最好的。在一些夜总会和夜店里，德国品牌的酒还会成为高端洋气的象征，一杯上百元也不鲜见。我听无数人说过“啤酒还是德国的最好”。

记得数年前我出差欧洲，在法兰克福机场转机的时候，在机场超市闲逛，见到一中国女生对着货架上的某德国工业品牌啤酒一顿狂拿，朝包里各种塞。我好生纳闷，问她这是做什么。回答是男朋友喜欢啤酒，给他多带一些“纯正德国啤酒”回去。这让我又是妒忌又是无奈。运作牛啤堂以来，遇到过无数的客人，产生过无数次这类的对话：

“你们有德国啤酒吗？”

“德国哪种啤酒？”

“德国的就行。”

“需要介绍下别的啤酒吗？”

“不需要，只要德国啤酒。”

“德国啤酒其实已经没有其他国家发展的好了。”

“那当然，别人都发展完了还发展什么。”

……

那么，我们国内这些德国啤酒真有这么纯正吗？到底什么是德国啤酒？背后都有些什么样的故事？德国啤酒到底怎么样？德国啤酒是不是就这几种？最重要的是，德国啤酒真的是“最好”吗？

让我们从头讲起。

拉格的传说

德国啤酒之所以给人以畅快豪饮的印象，估计很大一个原因是大多数德国啤酒都是拉格型的啤酒。前面讲过，所谓拉格啤酒，就是采用拉格型酵母在相对低温下进行发酵，并在低温下存储相对长时间的啤酒，德语里lager就是存储的意思。

在风味上，绝大多数拉格啤酒常常带有非常显著的特征：干净，清澈，香气微妙，基本不会有酵母发酵的味道，口感清脆，入口平滑，干爽，酵母的色、香、味无处可寻。这是一种麦芽和啤酒花的二重唱，没有任何其他元素的干扰，一丁点的杂味都可以很明显地分辨出来，所以有酿酒师称传统拉格啤酒是裸体啤酒，它展现了一个完美的身材，因为一点点的瑕疵都无所遁形。

和我们接下来要讲到的所有啤酒种类一样，关于拉格啤酒的起源也有一个个的传说。其中，最主流最靠谱的一个说法是，早在几百年前人们还不知道酵母或是细菌为何物的年代，德国巴伐利亚地区的酿酒师们为了在夏天保存啤酒，把啤酒放入冰窖，结果发现这样不仅能保质，很多啤酒还变得更爽口了。消息传开，酿酒师们纷纷开始凿山掘地建冰窖。慢慢地，他们不仅用冰窖来保存啤酒，也开始直接在冰窖里发酵啤酒。最原始的啤酒酵母是在室温下发酵的，只有极少数可以正常工作并存活下来，而酿酒酵母是反复使用的，这种适者生存，就是进化。对人类来讲，进化可能是以千百万年为计算单位，但对酵母这种真菌来讲，进化就是“分分钟”的事了。很快地，一种新型的酵母诞生了，它能够轻松应对低温，欢快地做酒，而这种低温下很多细菌活性不高。人们发现这种酒更加爽口，更加稳定。当时的德国老大甚至发布了一项禁令，禁止在夏天酿造啤酒，就是为了严格限定冷发酵，以保证本国啤酒的质量。

几乎所有的工业淡啤都是拉格啤酒，所以从工业啤酒的角度说，德国是现代啤酒发源地，是成立的。

捷克皮尔森型啤酒

拉格型啤酒虽然发源于德国,但当我们要继续讲到具体的德国拉格啤酒种类时,却得先讲一下捷克。

捷克是当今啤酒世界的奇葩国家。作为传统啤酒国,捷克的啤酒种类没有那么繁多,基本以当地皮尔森(Pilsner)为主,但这里的人均啤酒消耗量却高得惊人:算上所有老弱妇孺,平均每人每年300杯!高居世界第一(作为对比,中国这样一个有饭桌酗酒文化的国家,平均到每人是每年60杯)。在这里,哪怕是工作日的午餐,喝上一杯也是非常正常的事情,无它,这就是文化和传统。他们也值得拥有这样的传统,因为这里就是皮尔森啤酒的发源地,这种在某种程度上"定义"了啤酒的啤酒风格,直接改变了全世界,影响了许多人。

皮尔森是一种什么样的啤酒? 它和德国拉格啤酒有什么关系? 这就又得讲到一个传说了。

现在大家接触到的啤酒颜色一般都相对较浅,但在早期,特别是制备麦芽技术很不成熟的年代,大多啤酒的颜色都是很暗的,因为早期麦芽在生产中的烘焙这一步,受原料和技术所限,很容易烘焙过头,以致颜色过暗。随着工业革命的开始,英国人最早掌握了制作淡色麦芽的工艺,并传到了捷克。把工艺传到这里的是一个叫Josef Grolle的捷克人,他住在皮尔森(Pilsen)镇旁边的波西米亚(Bohemian)村,是一个勤奋好学的好同学。他的淡色啤酒在当地很快地就小有名气起来，但真正带来革命性变化以至于改变世界的，是到了1842年，一个德国的和尚将在德国严格管控的拉格型酵母带给了他，于是，一种当时人见所未见的一种啤酒，诞生了。这种酒在低温下长时间发酵，清凉爽口，酵母最终完全沉淀，酒体金黄透明。赶巧的是，当时透明玻璃杯随着工业革命的进行正大规模普及开来，淡色漂亮的啤酒，一下就吸引了所有人的注意。皮尔森酒使用的是捷克当地的萨斯(Saaz)型啤酒花，这种啤酒花虽然并不重口味，但配合当地极软的水质，带来了一种非常利口的苦感，却非常平滑，并且有一种特别的花香；长时间的低温陈酿带来的浓重的杀口感，当地的麦芽带来的特殊麦芽香与之完美地平衡起来，让人欲罢不能。这在当时是一种革命性的啤酒，人们一传十，十传百，皮尔森酒迅速流行起来，席卷捷克、德国，直至整个欧洲，乃至全世界。

金黄透明，清凉爽口，流行全世界，你也许会想到，这不就是我们平时常喝的啤酒吗？你不是说这些酒就是商业淡拉格啤酒，全是水啤吗？是的，这些酒在外观上是差不太多，因为它们都是皮尔森的远亲。皮尔森一出了捷克，口味就逐渐变淡，到了北美、亚洲，各种各样的非大麦的辅料就被添加进来，用以降低口感，让它一步一步地变成水一样的酒。美国各个大厂添加玉米的所谓皮尔森酒，亚洲包括我们中国地区各种添加大米的酒，在血缘上都是皮尔森的远亲，但在口味上却和真正的皮尔森没有了任何关系，成了流水化机器生产的一种寡淡无味的工业品。

德国拉格

皮尔森起源于捷克，横扫了世界，当然也包括德国，但德国作为拉格的起源地，当然不会只有皮尔森，德国悠久的啤酒历史，创造了其他众多的拉格发酵啤酒。

这里面最有名，也是最流行的，就是荷拉斯（Helles）啤酒。前面讲过，最开始因为麦芽制备工艺的原因，所有啤酒都是深色的，德国也是这样。皮尔森开始横扫欧洲波及全球的时候，德国也开始生产淡色啤酒，但巴伐利亚地区以保守见长（要不怎么会有啤酒纯净法）的啤酒酿酒师们仍然坚持生产深色啤酒。然而历史潮流浩浩荡荡，19世纪末，慕尼黑终于有了第一家酒厂Spaten，开始根据当地人的口味生产淡色啤酒，并将之称作荷拉斯啤酒，这在德语里就是淡色的意思。

经典的荷拉斯啤酒和皮尔森一样金黄透亮，入口细腻。不一样的是，它更强调麦芽味，啤酒花的苦味会比皮尔森稍弱，麦芽的丰满感常会更强，酒精度会相对低一点，一般在4%出头。

和皮尔森一样，这样“精致”的啤酒也容不得半点杂味，粮食一般的最纯粹的麦芽味带给人们满足感，而较低的酒精度、清爽的入口感让人们回味无穷，荷拉斯很快成了畅饮佳品。

不管皮尔森还是荷拉斯，它们的原料选择非常简单，常常是由单一麦芽、单一啤酒花酿造而成，但在工艺上却比很多其他类型的啤酒更麻烦，特别是商业酿造上。它们酿造周期更长，能耗更高，并且任何瑕疵都会带来严重影响。更重要的是，这类啤酒是在风格上和工业水啤最接近的啤酒，不会带给一般消费者那种“明显不一样”的冲击感，所以不管在什么地方，很多新兴的小酒厂，都不愿意酿造这类啤酒。

另外，和绝大多数啤酒一样，这类啤酒最重要的指标之一就是要新鲜。我个人认为对于皮尔森和荷拉斯来讲，没有什么比新鲜更重要的指标了，而且新鲜是一个哪怕非常业余的啤酒爱好者也能品尝出来的东西。别忘了，这是进化决定的，品不出“新鲜”味的人，早就被进化淘汰了。

我记得我在喜欢上精酿啤酒后，除非是在辛辣、油腻或是没有选择的场合，基本不会点工业品牌的啤酒，直到有一次，我在一个酒吧里阴差阳错地点了一杯喜力，一入口突然觉得奇怪，怎么还挺好喝的，这不是喜力吗?！忍不住感叹了一声，这酒真好喝！被吧员听见，他告诉我，酒吧旁边那条河的对面就是喜力的分厂，这是今天刚送过来的扎啤。你看，新鲜有多重要吧(当然，喜力是大品牌工业啤酒里为数不多的不添加大米等辅料，用料相对足的品牌，本身也比其他工业品牌好得多)。

以上这些因素加在一起，就是国内极难喝到进口的高质量啤酒，特别是淡色拉格类啤酒的原因了。国外的酒，漂洋过海而来，再经过国内的分销，而国内的仓储和物流条件都有限，绝大多数时候全程冷链是个奢望，很难将处在巅峰期的酒送到消费者手中。国内的工业大厂，都是一样的水啤，用料不足，狂加辅料。而国内新兴的小型啤酒作坊，本身数量又少，大部分也都不生产此类啤酒。

所以，毫不意外的，国内首先出现高质量的这类啤酒的地方就是上海，因为这里有足够多高消费水平的外国人，和最早、最先进的酿酒条件。也可以想象，随着国内精酿啤酒爱好者的增多，大家一定也能慢慢地在国内喝到高水平的新鲜的淡色拉格啤酒。

在淡色麦芽烘焙技术出现以前，德国深色拉格啤酒里最经典的就是顿克（Dunkel）风格的啤酒，其实这就是国内不懂啤酒的人常说的“黑啤”。顿克啤酒一般有浓郁而富有层次的麦芽味，因为烘焙不仅能带来焦香味、咖啡味，也能推进麦芽感和层次感，而且德国一种传统的啤酒酿造工艺，在当时（注意，是在当时，当今现代社会没什么谁比谁工艺更好这种说法了，酿酒师自己的工艺就是最好的工艺）更能带来浓郁的麦芽味。这种酒的颜色不一定有多黑，可能只是深红偏黑，泡沫细致浓厚，颜色也偏深，酒体入口香甜回口却干净，啤酒花味相对非常淡，添加的一点点啤酒花也只是为了防止酒体过甜，5%左右的酒精度让它成为最畅销的深色拉格啤酒。和顿克很相似的一类啤酒叫斯瓦日（Schwarz Bier），它们之间的交集很大，最大的区别就是，后者颜色更深一些，常常是纯黑，像爱尔兰世涛一样，泡沫常常很致密，口感更重一点，麦芽的香甜更圆润一点。因为烘焙更深，所以一般有更明显的巧克力味和咖啡味，但口感仍然很柔和，不尖锐。

顿克和斯瓦日啤酒就像是拉格类啤酒中的波特和世涛，抑或者黑色的皮尔森，不过与它们最大的区别，就是对麦芽味的强调以及对圆润口感的追求了。

颜色稍浅的深色拉格啤酒就是维也纳拉格(Vienna Lager)了。这种啤酒同样得益于英国人发明的新的麦芽制备技术。维也纳的酿酒师开始利用这种技术生产颜色相对较浅的麦芽，并且他们在麦芽生产中添加了一种特别的工艺，就是把部分麦芽中的部分淀粉在制备麦芽时就直接转换为糖分，然后再将其烘焙至焦糖化状态。搭配这样的麦芽(这类焦糖麦芽在当今已非常普遍)做出来的酒，有一种深红铜黄的颜色，丰满的麦芽甜味，啤酒花味很淡，几乎全被隐藏起来。传统的维也纳拉格已经很少在当地生产和见到了。还是要感谢美国人，这样的酒在这里，随着精酿啤酒运动的展开，得到了复活、创新和发展，乃至升华。最著名的例子就是Brooklyn 酒厂的第一款酒，也是旗舰酒的Brooklyn Lager 以及波士顿酿酒公司的 Sam Adams Lager。这两款酒在美国精酿啤酒史上都有极高的地位，也属于美国最流行的两款精酿啤酒。它们在酒体和麦芽上保持了传统的维也纳拉格的特色，但融入了鲜明的美国啤酒花的味道和香气，是美式创新的典范。

颜色稍深一点的还有多特蒙德增强啤酒(Dortmunder Export)。这是一种源自皮尔森并与之非常相像的啤酒，发源于19世纪的多特蒙德。多特蒙德当时是德国甚至欧洲的煤矿和铁矿中心，大量的产业工人聚集于此，刚开始流行的皮尔森也传到了这里，但是在艰苦环境里重体力劳作了一天的矿业工人们，当然不会满足于一般的皮尔森，他们需要更烈一点、更“重”一点的啤酒，于是多特蒙德增强啤酒就诞生了。在多特蒙德啤酒发展历史上，高峰期全城至少有30家啤酒厂在生产这种啤酒。它麦芽感的烈度和强度不低于最重的皮尔森，酒体稍重，整个入口后的口感更加厚实；酒精度要更高一点，在5.5%左右；啤酒花味不像经典皮尔森一样那么尖锐，更加平和、饱满。

在制冷技术发明以前，天热的时候是没法酿酒的，所以在德国酿酒师都是在春天前酿制一批相对高度数的酒，然后放入冰窖保存，过了夏天，等到十月再开坛喝酒，这其实也就是德国十月啤酒节的来历。维也纳拉格传到德国慕尼黑以后，当地酿酒师受此启发，开始酿造三月/十月啤酒（Marzen/Oktoberfest），这种啤酒酒精度稍高，为5%～6%，颜色呈红铜色，入口饱满、圆润、顺滑，有更多柔和的德式经典啤酒花的苦味去平衡酒体。直到现在，这种风格的啤酒仍然是很多酿造德式啤酒的酒厂必酿的经典款。那种轻柔且多汁的麦芽甜和充满层次感的浅烘焙味，是它最明显的特色。这种啤酒的影响是如此之大，以至于中国大陆第一家精酿啤酒厂，就取名叫作南京欧菲啤酒厂（Nanjing Oktoberfest Microbrewery，后改名为南京高大师啤酒厂）。

酒精度继续向上走的德国深色拉格类啤酒，就是博克（Bock）啤酒了。博克啤酒起源于德国的Einbeck，是一种较烈性的啤酒，酒精度一般在6%～8%，颜色大多呈深棕色，浓重的麦芽味、深厚而带麦芽甜的酒体是它主要的特征。它啤酒花的味道很弱，苦味值比较低，刚够不让酒体过于腻口而已。传统的博克啤酒经过数个月的冷存储，口感极为顺滑，麦芽香带着焦糖味、面包味，干脆地收于回味。

博克起源于Einbeck，但发迹却是在慕尼黑。江湖传闻，当年慕尼黑的酿酒师们对于北方城市竟然酿出这种好酒极为不爽又无奈，于是在17世纪初的时候，巴伐利亚的公爵竭力请来了一位Einbeck的酿酒大师，然后将他软禁在慕尼黑，令其生产"最正宗"的博克啤酒。这样博克啤酒最终在慕尼黑流行并发扬光大起来。

欧洲很多修道士传统上就是自己酿酒喝的，营养、健康，而且是劳作的产物，慕尼黑有不少。这些修道士每年有段时间需要辟谷，博克传入慕尼黑后，他们就开始酿造一种更烈的博克啤酒，当作营养饮品在断食的时候饮用，这就是双料博克啤酒（Dopplebock）。双料博克并不是说度数就比博克高上两倍，而是更烈一点、更壮一点，酒精度一般为7%～10%，颜色更深，可以到深黑色。喝这种酒更能体会到为什么啤酒会叫液体面包，为什么会被修道士们当成粮食来饮用。那种像烤面包一样的香味，那种圆润满足的口感，是双料博克最大的特征。所以喝这样的酒得十分小心，德国酿酒师们对这种酒的要求就是高酒精度藏在满足的口感里，让你一杯接一杯地喝，但当你站起来走路的时候，才发现自己已经喝醉了。

还有更烈的博克。我们知道酒精和水的冰点是不同的，如果把啤酒在一定温度下冰冻，那么水会首先结冰，其次才是啤酒，所以，几百年前，当某个酒馆老板不小心把一桶博克啤酒放在冬天的户外，然后再拿回来喝的时候，发现桶里有一部分水已结冰了，剩下的啤酒变得更浓、更烈，简直是冬日必备良药，艾斯博克啤酒（Eisbock）就这么诞生了。之前讲英国的酿酒狗酒厂的时候，说到他们就是用这种冰提纯的办法生产了很多超高度数的啤酒，但在德国，这种传统的啤酒酒精度最多也就是10%出头，通过提纯的办法顶多提高百分之几的酒精度就够了，因为再向高了做，就像前面说的那样，已经就是个噱头了。如果我们只是想要个增强版的双料博克啤酒，更强、更壮、更烈，艾斯博克，就是冬日首选啤酒之一！

和英国的传统纯正艾尔一样，德国也有一类拉格啤酒，不经过滤，桶内成熟，并直接从桶内打酒，干投大量啤酒花提香的啤酒，那就是科勒啤酒（Keller bier）以及维克啤酒（Zwickel Bier），后者就是前者的"缩小版"，度数更低，苦度更弱。这类酒的酿造本身与十月啤酒比较类似，但由于是在售酒桶中继续发酵，并且也是利用空气压力出酒，所以泡沫很少，杀口感也非常弱。和英国艾尔一样，不经过滤和杀菌，并且传统上只在桶中出售，所以只在当地才能喝到。目前这种酒越来越少，几乎已绝迹，去德国旅游的同学们如果找到这样的酒，一定要好好尝试一把。也希望精酿之风早日席卷德国，重新复活这样的传统德国特色啤酒。

德国的小麦啤酒

德国小麦啤酒，这是我觉得该专门拿出来写写的啤酒，很多国人第一次喝外国啤酒时选的就是这一种。德国小麦啤酒的风格极大地符合了没有啤酒历史和文化的普通中国人对啤酒的要求，使它成为中国最流行的啤酒风格之一，并被中国人统称为“白啤”，还让很多人误以为这就是啤酒的全部。仔细想想每个人身边都有这样的朋友，如果你问他/她最喜欢的啤酒是什么，他/她很可能说：白啤，德国的。

小麦啤清亮但不透明的酒体，让很多国人误以为酒里更有“内容”，酒味清香，酒体清淡爽口，苦度极低。小麦的加入让其口感相对明显地区别于普通工业拉格啤酒，给了普通消费者极高的辨识度，而且，对于中国人来讲，小麦是比大麦熟悉得多的粮食，更拉近了亲近感。这些，都促使小麦啤成为很多啤酒屋里最畅销的品种。

其实小麦啤酒也不是全由小麦酿造的，小麦有更高的蛋白质和胶体含量，不像大麦一样有一层外壳，所以如果全用小麦酿酒的话，除非加入一些特殊原料和工艺，否则就成了做面团（当然这也就是小麦被主要用来做面包的原因）。所以几乎所有的啤酒都是大麦酿造的，小麦啤酒主要成分也是大麦，其中小麦的含量30%~60%不等。现代精酿啤酒里尽管有一些酿酒师酿造100%全小麦的啤酒，比如我们做过的全小麦IPA，但都非常少见；在传统啤酒里也只有在波兰出现过。

德国的小麦啤酒有悠久的历史，从15世纪起就有酒厂专门生产小麦啤酒(Weissbier)。Weiss在德语里就是白色的意思。小麦啤酒在当时的流行引起了德国巴伐利亚贵族的注意，他们通过立法把小麦啤酒的酿造权收归“皇家”专有，所以……是的，在以前的德国，一般人是不能合法酿造小麦啤酒的。

这种状况一直持续到了19世纪中，此时新兴的各种啤酒，特别是前面提到的皮尔森，开始越来越流行，小麦类啤酒的销量逐渐下滑，无利可图了，巴伐利亚的皇族们才把小麦啤的酿造权让了出来。

源自德国的小麦啤当然有很多种，这里面最常见和最有名的，就是酵母小麦啤酒(Hefeweizen)，德语里Hefe就是酵母、Weizen就是小麦。这是最为经典的一种小麦啤，酿造麦芽中至少有一半的小麦，采用少量且非常柔和的啤酒花，以及一种非常特别的小麦啤酵母。这种酵母配合特殊的酿造工艺，能产生迷人的香蕉和丁香的香味与口感，有时伴有苹果香、香草味甚至一点点的烟熏味。大量的蛋白质和酵母的存在让酒体淡黄泛白，泡沫极为充足。一杯标准的酵母小麦啤，常被倒入一个高的、大开口的酒杯里，来容纳一层厚实而洁白的泡沫。倒酵母小麦啤入酒杯的时候，倒到瓶中还剩最后一点时，要停下来，摇晃瓶体，将一些沉淀在瓶中的酵母摇起来，再倒入杯中。除了果味以外，酵母小麦啤那一点甘甜的麦芽味，恰到好处的微弱的苦味，特别是回口的一点点酸爽，加上一般只在5%左右的酒精度，都让它成了夏日解渴佳品。

现在国内几乎所有的进口德国小麦啤酒都是这种风格，Hefeweizen

的字样基本都能在酒标中看到。遗憾的是，这里面很少有真正的高质量产品，一是这种风格的小麦啤酒新鲜度是相当重要的，这让很多进口啤酒天然地失去了优势，这和皮尔森啤酒遇到的困境一样。二是很多“德国”小麦啤，只是披着一层德国的外衣，它们有可能不是德国原产的，也有可能虽是德国原产的，号称纯正德国啤酒，但只是披上德产的外衣，本身却是专供中国大陆的货色。这样的酒就算是好酒，喝着也让人感到不爽。

聊回啤酒本身，这种酵母小麦啤也有过滤的版本，就是清澈小麦啤(Kristal Weizen)。这种风格的小麦啤经过了过滤，酒的外观自然就变得清澈透亮，酒体更干净，也更淡、更轻、更柔和，但那种特有的果香和果味也同时被带走不少，这估计也是它很少见的原因。

还有酒体强度的变种，比如清淡小麦啤(Leichtes Weizen)，这里的Leichtes你肯定能猜到在德语里就是淡的意思。它和酵母小麦啤非常相近，只是酒精度、酒体、色香味各方面都要淡上一点，酒精度甚至可以低到3%。这样的酒，对酒量不佳的人来说，简直可算上人间极品了。

酵母小麦啤再变得更强、更烈一点，就是博克小麦啤(Weizen Bock)。前面已经介绍过了博克啤酒，所以这个很好理解，博克小麦啤就是在酒精度、酒体、麦芽味上更加强的酵母小麦啤，麦芽味一般更突出，所以果味和香味不是那么明显，酒精度可以接近10%，在我看来是小麦啤爱好者的冬日佳品。不过遗憾的是，在国内除了一些前沿的本地精酿啤酒屋，这样的酒是很难喝到的。

所有的酵母小麦啤在颜色上一般都是从淡白到浅棕色，颜色再深一点的，就是棕红小麦啤（Bernsteinfarbenes Weizen）和黑小麦啤（Dunkel Weizen）了，后者在国内也是一种常见到的啤酒风格。这些酒的颜色之所以更深，是因为在酿造中加入了一些焦糖化的重烘焙麦芽，所以，和经典的酵母小麦啤相比，除了颜色外，它们的香味和口感中会有更重的烘焙味、巧克力味，糖度可能更高，更浓的麦芽味会稍稍盖住酵母小麦那些典型的柔和的香味。

其他德国啤酒

除了经典的两大流派拉格和小麦外，德国还有其他无数种传统啤酒。不要忘记，这里毕竟是世界上最古老的啤酒国度之一，几百年前，每一个小镇，都有一种甚至数种自己的特色啤酒，只不过很多种类的传统啤酒已经消失了，但还有好多顽强地生存了下来。绝大多数的这类传统啤酒，我们国人基本没有听说过，更不用说喝过了，但它们才真正代表着德国悠长的传统，具有啤酒本来就该有的有趣的多样性。

在一个传统的啤酒国度，一定会存在或者至少存在过相当多类的酸味啤酒，原因很简单，在以前的酿造工艺、设备以及生物科学水平下，根本不可能做到单一酵母发酵，所以一些野生酵母和细菌，特别是一些常见的乳酸菌，都曾参与过啤酒的发酵。只是在有的啤酒种类里，杂菌的影响不明显，但在有的啤酒中，杂菌的参与让啤酒变酸、变味，反而让其流行起来，成为一种新的风格，并流传至今。

在德国，最有名的，也是笔者相当喜欢的，就是柏林小麦啤（Berliner Weisse）了。这其实也是一种虽然是小麦啤酒，但小麦却不是主角的啤酒，那种像香槟或起泡酒一样的酸爽和干脆，才是这种酒的特色。这种独特的口感就是乳酸菌的发酵形成的。不要看到细菌就害怕，一个人肚子里的细菌，比世界总人口还多得多呢。

这种酒估计只有屈指可数的国人喝到过，但它们才真正代表着德国悠长的啤酒传统，呈现着啤酒本该有的迷人的多样性。在以前的柏林，有很多酒厂专门生产这种啤酒，它是当地人民最喜爱的一个啤酒种类。它在酿造中加入了大量小麦，使用了极少啤酒花甚至不使用，传统的酿造工艺也非常烦琐和特别，不同于绝大多数啤酒的酿造，整个过程中甚至没有煮沸的环节。这种酒的酒精度极低，只有3%，甚至还不到，酒体极为清爽、干净，回口干脆，常常有很高的酸度，很多对酸耐受度不高的人很难接受。不过没关系，这种酒的另一大特点就是常常和各种果汁搭配起来一起饮用，用果汁的甜味去平衡酸味，成为一个完美的夏日特饮。

常见的果汁是红莓汁和绿草汁。红莓大家都知道，最有意思的是这种绿草汁，这是一种德国的绿色草药榨的汁，浓烈的香甜配合像野格（Jagermeister）一样的草本味，兑在清爽的酸啤里，简直就是绝配。更特别的是，传统上这种啤酒是用吸管喝的，实乃啤酒界的奇葩。

据笔者个人了解，国内现在生产过这种啤酒的只有北京牛啤堂和上海拳击猫。2014年牛啤堂首家推出这种啤酒的时候还觉得中国人可能不会喜欢这么“奇怪”的啤酒，但想不到一经推出却大受欢迎。回过头来想其实也很有道理：这种酒极大地满足了大家的猎奇心，也更进一步了解到了“真正”的德国啤酒，口味上也很符合国人的喜好，外观也非常讨喜。遗憾的是这种酒生产上相对烦琐，对细菌和酵母的控制要求也比较高，生产周期也相对较长，所以产量极为有限，所以常常只是出现在我们的秘密酒单里。希望随着这本书的出版，会有更多的人开始了解德国传统啤酒，这样产量就会自然上去了。

还有一种不那么有名的德国酸啤，来自Leipzig地区的古直（Gose）啤酒，这也是个历史极为悠久风格独特的啤酒。在那个人们还不太懂得微生物学和水处理的年代，当地的咸水被用来生产啤酒，乳酸菌同样被带入了发酵过程；啤酒花的使用同样极少，酒中几乎完全没有啤酒花的色香味；一些其他的香料作为调味料加了进来，最常见的就是香菜籽。这种酸啤不像柏林小麦酸啤那样干脆清爽，咸味、酸味、香料味在酒体中复杂呈现；酒体中度偏上，层次感强，不过回口仍然干净，酸味更占主导地位。现代古直啤酒的酿造中会人为地向酿造水中加盐，也算是传统啤酒中的一个特例了。

还有一种很有“前途”的酸啤，亚当啤酒（Adam Bier）。说它有前途，是因为它的特性决定了未来很可能会被很多精酿啤酒厂和家酿啤酒爱好者重新发现并酿造。这是一种起源于多特蒙德的传统烈啤，悠长的历史同样的故事，工业化的进程和啤酒种类的单一化让这种啤酒已在德国消亡。亚当啤酒的酒精度高达10%左右；不同于大多数的德国啤酒，浓烈的麦芽基底搭配大量的啤酒花，苦度值非常高；这种酒在发酵完成后会在木桶中陈酿至少一年的时间，和比利时兰比克啤酒一样，很多野生菌、细菌参与其中，带来更多、更复杂的口感和层次。

有很多新时代的精酿啤酒追求“更高、更烈、更怪”，所以亚当啤酒完美地满足了这个要求。烦琐的工艺和长时间的酿造周期是它在德国消亡的原因之一，但在当代也为酿酒师炫技提供了可能，所以不奇怪的是，现在世界上所有商业生产的亚当啤酒，几乎都产自美国了。美国人是如何拯救啤酒的，在讲到美国啤酒的时候会详细再讲。

德国传统的烟熏啤酒（Rauch Bier，英文Smoked Beer），风格很有特色，酒体中有很明显的烟熏味。这种啤酒使用了一种特殊的酿造麦芽，这种麦芽在烘干时直接使用木材明火，烟味全被熏进了麦芽里，也就被带进了酒里。其实因为之前介绍过的麦芽制备技术的问题，所有的早期啤酒理论上都是烟熏啤酒，都多多少少有烟熏味，直到19世纪焦炭技术问世之后才有了淡色和没有烟熏味的麦芽。现在德国只有班堡（Bamberg）地区还有个别酒厂仍在生产传统的德式烟熏啤酒，但当地的烟熏麦芽却畅销世界各地，很多精酿啤酒厂包括中国都用当地的烟熏麦芽来酿造自己特色的烟熏啤酒。

和德国接壤的波兰也有自己的传统烟熏啤酒（Gratzer），这更是一种极其罕见的传统啤酒。它起源于中世纪时期，采用全小麦酿造，并且所有麦芽都经过了橡木的烟熏。这种波兰版本的酒少见到连我也没喝过，因为20世纪末已经绝迹，近几年才又有人开始生产。多亏了新时代的精酿啤酒运动，现在在大型的国际啤酒比赛中，这也成了一种专门的类别，不少新兴酒厂开始复兴这种极为特别的美酒。

关于烟熏啤酒最有趣的记忆就是曾和一帮不太懂啤酒的朋友一起喝酒。为了向他们讲解精酿啤酒的多样性，我就给他们推荐了一款烟熏啤酒，不想有位妹子就抿了一口，马上吐出来，大叫一声：谁这么坏把烟头扔酒里了！其实很多人第一次喝烟熏啤酒的时候都会有这样的感觉，因为很难想象啤酒里竟然有烟熏味，这是很冲击一般朋友想象的事情。不过如果你摒除偏见，静下心来多喝两口，不出意外的话你也会喜欢上烟熏啤酒的。

不同的烟熏啤酒其色香味其实相差很远，特别是在现代精酿啤酒中，只有烟熏味才是它们的共性。烟熏的特点和很多其他的风格融合在了一起再发展，比如这几年在欧洲大热的米奇乐酒厂，就有一款流行的旗舰酒是烟熏皮尔森。它将一点点烟熏味融入经典的皮尔森之中，噱头十足。这就是现代精酿啤酒，众多的传统啤酒在被重新创造，又不断地被有充满创意的酿酒师们重新定义着。

在冷藏发酵的拉格啤酒发明之前，所有啤酒都是艾尔发酵的。在德国，历史最悠久和最有名的艾尔啤酒，就是来自Rheinland的奥特啤酒(Altbier),Rheinland 的都会城市是杜塞尔多夫(Dusseldolf), 所以也叫Dusseldolf Alt。

位于欧洲中部的杜塞尔多夫地区，是有记录的最早有人类定居的地区之一，早在5万年前就有了人类定居的化石记录。也早有发现当地3 000多年前人类用粮食做酒的痕迹，也就是说从那时起，当地人就一直在酿造自己的艾尔啤酒了。

所以奥特也号称是人类历史上被酿造时间最长且酿造史从未中断的一种啤酒，也是德国啤酒的骄傲。不过国内极少能喝到这种啤酒，笔者谨慎估计绝大多数“传统纯正德式啤酒屋”的老板们都没有听说过这种啤酒，更不用说酿造了；如果不是美国人，这样的啤酒估计也就永远只在杜塞尔多夫流行了。

不难想象的是，奥特啤酒在当地也是不断变化的。现代意义的奥特啤酒，包括这个名字，是在19世纪中期被定义并传承下来的。当时正值新的拉格啤酒出现并广为流行，为了区分这种新啤酒，当地人就把自己的啤酒叫作Alt啤酒，德语里Alt就是“老”的意思，在那之前，当地人就只把奥特啤酒叫作啤酒。

当代奥特啤酒一般呈棕铜色，它虽然是艾尔型酵母发酵的艾尔啤酒，但当地常年的中低温（10 ~ 18℃），让这种特殊的当地酵母有了特别的禀性，就是可低温发酵，并且不同于其他大部分的艾尔型酵母，发酵产生的香味极少。长时间的低温陈酿，给了这种酒极其干净的口感，麦芽甜是核心，配以柔和的来自啤酒花的苦味，微妙的啤酒花香，清脆的回口，不到5%的酒精度，非常适合畅饮。

英国工业革命带来的麦芽烘焙技术使我们有了淡色麦芽，也就有了英式淡啤（English Pale Ale），德国也因此出现了它自己的德式淡啤，就是和奥特啤酒同根同源的科奇啤酒（Kolsch）。

科奇啤酒源自德国的科恩（Koln）镇，这类啤酒就像艾尔啤酒中的荷拉斯（Helles）啤酒一样，也是最“像”拉格啤酒的艾尔啤酒。它在外观上和荷拉斯极为接近，清一色淡色麦芽造就了清亮金黄的酒体，微妙但明显的麦芽感，很低的啤酒花苦味值，淡淡的酒香，超淡的酒体，干净的回口，没有任何“突出”的东西，和拉格啤酒一样需要长时间的冷藏陈酿。比起拉格，它最大的特点就是酒体中那点艾尔发酵所特有的淡淡的花香。它也是艾尔类啤酒里的“裸体”啤酒，就像荷拉斯或皮尔森一样，因为这类干净柔和的酒不容许出现任何异味，一丁点都会无处可藏。

以前我们也曾推出过奥特和科奇啤酒，反响不是特别理想，我的分析是它没有迎合一些初入门的啤酒爱好者对“精酿”啤酒的期待，因为它没有“炫”的感觉，但它们的魅力在于它们是一款很“sessional”的啤酒：它们没有任何特别突出的地方，但酒精度不太高，你可以在一晚上，一个“session”里，不停地喝，也不容易醉，并且，那种平衡而又确有风味的口感，让你喝了N杯也不会觉得无聊，甚至越喝越有味道。这就是一款好的session啤酒应该有的特点。

实际上在正宗的卖科奇啤酒的酒吧里，你都不用主动示意，只要服务员见到你的科奇酒杯空了，就会直接给你打上一杯新的，然后在你的酒杯垫上画上一笔，你结账的时候直接拿着酒杯垫去结就行了，有几笔就是几杯。所以你常能见到当地德国人拿着一个画得满满当当的杯垫幸福地结账去了。

德国啤酒的困境

德国啤酒写到这里，我都醉了。从3 000多年前就流传至今的奥特啤酒，到现代发扬并光大了的甚至改变了全世界的拉格类啤酒，再到各种各样满满都是历史的各种风格、各种口味的啤酒，还有各国人民喜闻乐见的广大的德式小麦家族，到了现代，德国更是高端工程师和超一流设备和工艺的代名词，历史和现代完美的结合，这啤酒之乡就是这个星球的啤酒王国，德国，就该是啤酒的代名词……或者，是吗？

回到本章前言的话题，包括我在内，很多中国人喝国外啤酒都是从德国啤酒开始的，中国最著名的啤酒厂青岛啤酒厂也是德国人建的，中国大中小城市开的啤酒屋大多也是打着纯正德国风味的旗号，德国慕尼黑啤酒节也是最有名的，多少国人慕名前往狂欢，国内一到夏天各大啤酒节最常见的口号也是正宗德式啤酒节，超市里卖得最多的国外啤酒也是德国的。德国啤酒在中国有很多的“死忠”，他们觉得德国啤酒就是最“好”的，德国啤酒就是世界上最“牛”的，有的人还知道德国在500年前就有了个《啤酒纯净法》，听这名字，多霸道，立法来保证啤酒“纯净”，德国啤酒当然就是最好的。

但事实，真的是这样吗？

看到这里，你首先该明白的是，这个世界没有“德式”啤酒这种东西，只是有一些啤酒风格起源于德国。这些风格千差万别，有苦的，有甜的，酸的、咸的也不是没有，色香味各具特色、各领风骚，这一点和其他的传统啤酒国家是一样的。萝卜青菜，各有所爱，哪有什么酒“好不好”的说法呢？有的人就是口味极淡就爱喝工业水啤，就觉得那是好酒，又有什么所谓呢？

有的人说德国产的啤酒更好，因为它有啤酒“纯净法”，它更纯净，当然更好。

遗憾的是，实际情况当然不是这样，不仅不是，这个所谓的“啤酒纯净法”已经让德国，至少在几年前，在当前世界上这股精酿啤酒运动的大潮中，被抛得越来越远，现代德国啤酒，正面临一点小小的麻烦。

这个“啤酒纯净法”主要就是一个意思，啤酒中只能用四种原料——麦芽、啤酒花、水和酵母，不能再加别的东西。听听，多好一东西，但是，它真的有意义吗？

先说这个纯净，世界上本来很多啤酒就是只用了这四种原料，也不是只有德国才这样，就算是“纯净”最好，也不是说德国有这个法所以德国啤酒最好，有一些国产工业啤酒也并不添加大米、淀粉这样的东西，也是“纯净”的。

其实最关键的是，这个法定义的“纯净”，就一定好吗？或者说，凭什么说这样就算得上“纯净”？啤酒的好不好，对于普通消费者来说，很简单，就是好不好看、好不好闻，喝着香不香、回味爽不爽，是不是精酿啤酒，这些都跟那个“纯净法”没一丁点关系，不符合这个法一样能做出好啤酒，符合这个法一样会做出烂啤酒。国外的科罗拉时代什么的都是只用这四种原料做的，但你确信这些是特别好的啤酒？比利时啤酒里加入大量香料和辛料，水果、蔬菜样样来，美国人更不用说了，没有什么不敢朝啤酒里加的，他们的啤酒难道就比德国的差么？

可能我们中国人对食品安全太敏感了，所以“啤酒纯净法”这几个字特别有吸引力，其实，这个“纯净”只是指啤酒有多单调，而并不是说啤酒有多“干净”。我们都不用谈欧美发达国家，哪怕是在食品安全问题还比较严重的地方，啤酒，哪怕是工业啤酒，也是足以让所有消费者放心甚至最放心的安全饮品。这在之后“酒与健康”的章节会讲到，这是啤酒的原料和工艺本质决定的，没纯净法什么事。其实，德国巴伐利亚老大当年签署这个法令的初衷，只是为了保证粮食的供应而限制大麦以外的谷物，特别是小麦在啤酒中的应用，所以规定除了德式小麦啤外，啤酒中只能使用大麦、水和啤酒花（那时人们以为发酵是自然的，还不知道酵母，所以在酵母被发现后，才被添加到这个法案中），所以这个法案的起源本身就基本和啤酒“纯净”与否、啤酒“安不安全”完全没有关系。

那这个啤酒法还有什么意义吗？还是有一点的，就是一些德国啤酒就算是烂，也算烂得有底线，因为没人大规模地加玉米、大米这些辅料添加剂，也不会使用一些化学品，这是它最正面的意义了。其实，这个法案签署以后，经过了很多次的修改，但也在百多年前，变成了整个德国的法律，一直被严格遵守。欧盟成立后，由于纯净法的很多条款与欧洲法律相抵触，因此被强制废除（而且欧盟早就有了各种更高标准的、更关注啤酒本身“安全”问题的、更顶层的食品安全法）。比如过去只要是在德国销售的酒，都必须符合纯净法，这导致很多外国啤酒无法在德国出售，结果就是德国纯净法被欧盟法院“吊打”。

德国啤酒当然是“高品质”的，但在工业大生产中，高品质意味着连续性，成本控制，这些都是和追求品质的消费者没有关系的东西。在餐饮这样的艺术行业，高品质应该包含另外的东西。

所以这个纯净法的负面意义就比较明显了，它极大地限制了酿酒师的创造力和啤酒的可能性，也造成了很多哭笑不得的麻烦。比如想要啤酒酵母更好地繁殖发酵，需要一点锌元素的参与，但锌不是天然存在于啤酒原料里的，那这个法律禁止添加锌怎么办？德国酿酒师想出的办法是把自己的一些啤酒管路替换成含锌的材料，这样“天然”地混一点锌到啤酒里，就合理合法了。所以，守规矩是好事，守这样莫名其妙的规矩，是不是就太过了？它不仅在原料上限制，在过程中也有限制，只能用这四种原料已经很过分了，连加啤酒花的时间都有限制，干啤酒花法（Dry hopping）是不被允许的（直到2005年前后才不得已修改了这项规定，要不真是没得玩了），这也可能是德国啤酒大多强调麦芽味的原因之一吧？看看偌大一个德国，如此悠久的啤酒历史，但现在才多少家酒厂、多少种常见的精酿啤酒？邻国比利时的啤酒种类已经多到没法分类了；美国用了30年时间，现在有些州的酒厂都要比整个德国还多了。

对我来说啤酒最大的魅力之一就是它的多样性。美国酿酒师协会认为精酿啤酒和工业啤酒最大的一个理念上的区别就是创新，所以很多人说“不喜欢喝啤酒”，就像说“不喜欢吃东西”一样没有意义，因为啤酒太多种了，什么味道都有，你只是没有遇到自己喜欢的品种而已。而一个极大限制啤酒多样性的法，我怎么看都是恶法。

所以，现在世界上这股精酿啤酒大潮中，很少有德国酒厂的份儿，很多国家最近二三十年来兴起了很多精酿小型酒厂，但德国永远是那么几家，很多国家也在最近几十年发明了或是复活了很多以前的啤酒种类，但德国人从没做过这些事，啤酒世界比起外国一片死水，很多种类面临绝种，所以你看不到德国的传统精酿酒厂在美国开分厂大力发展的，能看到的却是美国人跑到德国去开分厂了。

要是做得好那也还好，问题是现在不少的德国啤酒，特别是出口到中国的啤酒，绝大多数都算不上精酿啤酒，也就是超市漱口啤酒的量级，也许比国产啤酒好了那么一点点，但价格却贵了几倍，完全不值。看看现在比利时和美国的进口精酿啤酒，德国品牌还老卖这些酒，还会有这么多人认为德国啤酒“最好”吗？当然，这里面也有很多中国人打着“德国”旗号在做酒，德国假酒现在并不少见了，还有好多明明国产酒，非叫个德国名字，也是害人不浅。

也许是啤酒文化变得越来越单一，比起其他啤酒国家来说，德国人似乎也变得越来越不懂啤酒。德国人喝啤酒给人的印象就是豪饮，这也是最有名的慕尼黑啤酒节给人的印象，你现在去美国参加啤酒节，虽然也有很多人在豪饮，但有更多人在品酒了。平时和德国人聊天也发现很少有人能特别懂啤酒，而美国人里面感觉就是十个人里就有一个专家，世界上现在大型的啤酒网站几乎都是美国人搞的，连我们北京的自酿啤酒协会刚开始搞的时候也90%都是美国人。我还是一个啤酒书控，看过、收藏过很多与啤酒相关的书籍，哪国的作家都有，就是很少见到德国的。在德国他们也许真的只是把啤酒当水了，完全没想过它在新世界的可能性。

不可否认的是，德国确实也有不少的好啤酒，我本人最喜欢的一些啤酒风格都源自德国，可惜都是被美国人重新发现、酿造并重新介绍给全世界的。德国人做得最多的三种酒——酵母小麦啤、皮尔森、顿克（Hefeweizen, Pils, Dunkel），也都是被很多啤酒发烧友喜爱的酒种，可惜被不少纯正“德式啤酒屋”以“地道德国风格”的白啤、黄啤、黑啤所取代，以这个莫名其妙的噱头做着不那么地道的酒，毁了多少人对啤酒美好的想象。

我身边也是这样，越来越多的人更喜欢欧洲其他国家和美国的酒，常喝德国酒的人越来越少，不知道是我身边的人都太重口，还是大家都这样。不过有一点可以肯定，德国“啤酒纯净法”是个翻译上的大玩笑，遵循信达雅的原则，这个德国*Beer Purity Law*该翻译成——啤酒古板呆板法。

德国啤酒的新世界

看到这里，你会不会想，对啊，德国啤酒会不会就完了？当然不会，连远在中国的酿酒师和发烧友们都能意识到的问题，作为世界上最先进和发达的几个国家之一的德国，会意识不到吗？再保守的德国人也开始意识到情况有点不对了，怎么我们德国全剩下烂酒了？

所以……是的，德国，这样一个有着悠长啤酒历史的国家，在这几年，开始艰难地浴火重生，它正在变成一个新兴的"新世界"啤酒国家，虽然比起美国和欧洲其他一些国家，它还处于小孩过家家的阶段，但以德国的条件，前景无限。

说起德国啤酒的新世界，就得来到最有代表性的柏林，因为众所周知的历史原因，这里有大量的废旧工厂、电厂、公寓楼，独特的地理位置、历史和文化背景，让这里成了世界各地艺术家、学生、创意产业人士、娱乐圈人士最爱聚集的地方之一。柏林就像美国的纽约一样，是现在欧洲最多元化，最有创造性，文化最多样的城市之一，这里是欧洲重要的旅游目的地和party重镇。正因为这个特殊性，来自美国的当代娱乐文化，总把这里当成桥头堡，比如很多喜欢派对，喜欢电子音乐，喜欢Techno的人，都把这里当成世界Techno之都。但其实Techno并不起源于这里，20世纪80年代，随着电子乐器和摇头丸的发明和流行，在美国芝加哥、纽约、底特律等地兴起并流行起了Techno这种电子音乐风格，并随后传入德国，在这里生根、发芽、壮大，直到现在仍然深远地影响着世界各地的派对人群。

一模一样的事情，正发生在精酿啤酒上，可能这就是柏林的魅力吧。如果是几年前，很多第一次到德国特别是到柏林的美国普通啤酒爱好者，都会感到很惊讶，因为这个最以啤酒出名的国度的首都，历史上曾有过几百上千家啤酒厂，就在一个世纪前，这里还有近百家啤酒厂，生产风格各异的特色啤酒，而现在，随着第二次世界大战的爆发、工业化的进程，以及那个“啤酒纯净法”的实施，偌大的德国，已经只剩下工业大规模生产的三种风格的啤酒了——皮尔森、顿克和酵母小麦啤，就是国内常说的德式黄啤、黑啤和白啤。德国这个超级工业国，已经把啤酒完全地当作了工业品，在啤酒生产上，把精力完全放在了怎么稳定、怎么节省成本、怎么扩大生产上了。在德国这样一个发达的高物价西欧国家，你竟然可以只花不到0.2欧元(是的，你没有看错，就是人民币1.4元)，就能在超市里买到一瓶还过得去的啤酒。而很多传统的起源于德国的啤酒，早已在德国被边缘化甚至绝迹，相反，却在美国被重新发扬光大，被重新复活、创新和再发展。

所以，当一个美国的啤酒爱好者初到德国，都会被吓一跳。这样一个以啤酒闻名的国家的首都，这样一个满满啤酒历史的地方，这样一个到处是啤酒厂建筑的城市，这样一个人人都在狂喝啤酒的酒疯子之地，这样一个文明、发达的创意之都，竟然没什么啤酒，品牌虽多，但就只有三种风格，味道还都差不多，都没什么口感，比起美国人做的“德式”啤酒，都差得远了：是的，至少几年前的德国，和美国比起啤酒来，那就是一片了无生机的荒漠。

但是德国毕竟是德国，特别是在柏林，住在这里的人最不缺的东西，也正是精酿啤酒最重要的东西，那就是创新和自由的精神。而且德国不像很多其他国家，有传统上的严格限制小啤酒厂的法律，相反，这是每个街坊都可以自己开啤酒厂的传统的国家。虽然有啤酒纯净法限制啤酒的发展，但你要想开个啤酒厂，那真是你爱怎么开怎么开，只有一个锅的产量也可以开。更有利的是，德国极高水平的高等和职业教育，特别是有上百年历史的专业酿酒学校，培养了大量的人才，所以，精酿啤酒在德国的起飞也就不足为奇了。

在柏林，直到2012年，才出现了第一家以现代精酿啤酒为特色的酒吧Meister Stuck，但发展却极为迅猛，各种新的"Mikrobrauereien" (micro-breweries) and "Kiezbrauereien" (neighborhood breweries) 开始不断涌现，毫不意外的，这里面充斥着美国人的身影和美式精酿啤酒运动的影响，美国精酿啤酒厂先驱Stone酿酒厂，刚宣布在柏林投资兴建一个9 000多平方米（是的，你没有看错）的超大啤酒屋，真正地反攻倒算到了德国。所以不意外的，IPA也成了德国现在几乎所有新兴酒厂必产的一款酒了，更何况IPA同时还可以不违反德国的啤酒纯净法。

到了2014年，柏林终于有了自己的第一个精酿啤酒节，柏林的街头巷尾，出现了越来越多现代精酿啤酒的踪迹，虽然有啤酒纯净法的存在，很多啤酒因为添加了其他原料，比如瓜果蔬菜，所以不能以"啤酒"的名义销售，但这完全不会阻止新一代的德国酿酒师们。越来越多的德国人，特别是年轻人，也开始重新认识啤酒。在本书成书之际，连我国国内也开始可以买到德国新兴的IPA啤酒。2016年，德国啤酒发展的最大障碍之一，前文所讲的所谓《啤酒纯净法》将迎来其颁布500周年的大庆典，全德国，特别是诞生地巴伐利亚地区的所有酒厂和酿酒师将举行各种大party，来庆祝这个“文化节日”。在这个时间点之后，德国的酿酒师将如何应对这个世界新潮流，将怎么重新看待这个已经成为德国文化的一部“法律”，我们拭目以待吧。

其实想想，很多中国普通啤酒消费者朝圣般向往的啤酒之国德国，它的精酿啤酒起步时间也就和北京差不多，但现在已经进入了快速通道，爆发指日可待；国内的啤酒爱好者一直在花着不值当的高价，买着德国劣质进口啤酒，而国内的众多酿酒师们，因为大环境的因素，空有一腔热血，却还只能在泥淖中痛并快乐着。

▶

德国奥特啤酒专用杯：不管是奥特还是科奇啤酒，最常见的都是200mL或300mL的小杯，就是为了让人小杯快饮以在啤酒最新鲜时享用它

▲

德国 Tap-house 啤酒吧：几十款扎啤，几百款进口啤酒，会聚在一个传统的德式大厅。这样的酒吧在德国还属于新鲜事物

▲
捷克传统的皮尔森酒厂，仍然会在地窖里用“古法”生产一些最原始的皮尔森啤酒，它们只能在当地才能喝得到

▲
一杯漂亮而经典的 Hefeweizen 德式小麦淡啤

▲

200 多年前的啤酒地窖：德式拉格类啤酒的发酵、英式纯正艾尔啤酒甚至到目前的冷藏，都是靠地窖来完成的

▲

捷克皮尔森的皮尔森酒厂：几乎是全球所有工业拉格的发源地

▲

慕尼黑啤酒大棚一景。每年 10 月开始的慕尼黑啤酒节，是全球最大的狂欢节，只有 200 万人口的慕尼黑会在半个月内拥入 600 万游客，但是，这真的只是狂欢节，而可能不是啤酒节了。火爆的慕尼黑啤酒大棚，不提前一年订票是不可能有座的

▲

慕尼黑的啤酒花园：有山有湖、气候宜人、富裕和谐的慕尼黑，是欧洲最有名的宜居城市之一。在一个阳光明媚的下午，找个啤酒花园，啃个猪肘，喝几杯德国传统皮尔森，最是惬意不过了

▼
已在德国逐渐消亡的 AdamBier，被美国的精酿者们重新发掘和复活

Reinheitsgebot

Wir verordnen, setzen und wollen mit dem Rat unserer Landschaft, dass forthin überall im Fürstentum Bayern sowohl auf dem Lande wie auch in unseren Städten und Märkten, die keine besondere Ordnung dafür haben, von Michaeli (29. September) bis Georgi (23. April) eine Mass oder ein Kopf Bier für nicht mehr als einen Pfennig Münchener Währung und von Georgi bis Michaeli die Mass für nicht mehr als zwei Pfennig derselben Währung, der Kopf für nicht mehr als drei Heller (gewöhnlich ein halber Pfennig) bei Androhung unten angeführter Strafe gegeben und ausgeschenkt werden soll.

Wo aber einer nicht Märzen sondern anderes Bier brauen oder sonstwie haben würde, soll er es keineswegs höher als um einen Pfennig die Mass ausschenken und verkaufen. Ganz besonders wollen wir, dass forthin allenthalben in unseren Städten, Märkten und auf dem Lande zu keinem Bier mehr Stücke als allein Gersten, Hopfen und Wasser verwendet und gebraucht werden sollen.

Wer diese unsere Androhung wissentlich übertritt und nicht einhält, dem soll von seiner Gerichtsobrigkeit zur Strafe dieses Fass Bier, so oft es vorkommt, unnachsichtig weggenommen werden.

Wo jedoch ein Gastwirt von einem Bierbräu in unseren Städten, Märkten oder auf dem Lande einen, zwei oder drei Eimer (enthält etwa 60 Liter) Bier kauft und wieder ausschenkt an das gemeine Bauernvolk, soll ihm allein und sonst niemand erlaubt und unverboten sein, die Mass oder den Kopf Bier um einen Heller teurer als oben vorgeschrieben ist, zu geben und auszuschenken.

Auch soll uns als Landesfürsten vorbehalten sein, für den Fall, dass aus Mangel und Verteuerung des Getreides starke Beschwernis entstünde, nachdem die Jahrgänge auch die Gegend und die Reifezeiten in unserem Land verschieden sind, zum allgemeinen Nutzen Einschränkungen zu verordnen, wie solches am Schluss über den Fürkauf ausführlich ausgedrückt und gesetzt ist.

▲
500 年前的德国“啤酒纯净法”

▲

最传统的德国 Gose 咸啤酒，采用独特的酒瓶，瓶颈细而长。传说过去发酵都是在瓶中，细长的瓶颈能积累发酵产生的酵母和其他物质，最终自动封住瓶口

▲

一杯完美的皮尔森，绝对是“下午酒”的首选，漂亮的酒体，洁白而持久的泡沫，与午后阳光完美交融

2.3 比利时啤酒的花花世界

比利时，一个欧洲边陲小国，许多中国人对它的了解只有巧克力，但一个能把巧克力做得这么美妙和多样的地方，一定是个真正懂得享受生活的地方，一个这样的地方，它一定盛产极品美酒，事实上确实如此。

比利时是啤酒世界中的巨无霸，如果说英式艾尔给了现代精酿啤酒运动的种子，德国工业拉格给了精酿运动的靶子，那比利时啤酒就给了这个运动方向，照亮了它的前途。比利时悠长的啤酒酿造史，灿烂、深厚的啤酒文化积淀，让它成为当之无愧的啤酒王国之一。如果不是美国精酿的横空出世，这个之一是完全多余的。

说它指引了精酿的道路，照亮了精酿的前程，绝不是凭空而语的。我要先隆重介绍啤酒圈的超级大神，现代精酿啤酒运动的奠基人之一——迈克尔·杰克逊！不要误会，这不是那个流行乐坛之神，但这位神在啤酒圈和威士忌圈就是开山泰斗、一代宗师。没有他对酒的热爱，现在的啤酒和威士忌，可能都会是另外的样子！

出生于英国20世纪40年代的迈克尔·杰克逊，毕业后做了一名职业记者，然后开始全身心地喝酒、写酒，生生把自己写到了家喻户晓的地步。他在20世纪70年代出版的*The World Guide to Beer*，是当代第一本有分量的全面介绍世界各式啤酒的书籍，他还在当时就提出了啤酒分类的理念，通过每一种啤酒的起源、文化、口味，建立了现代啤酒分类的雏形。他在威士忌界更有一些开天地的贡献，这里就不介绍了。但他最偏爱的还是比利时啤酒，一本*Michael Jackson's Great Beer of Belgium*把比利时啤酒真正地推广到了全世界。

不要小看这两本书，我看过很多美国精酿先驱的采访或是节目，提到是什么启发了他们对啤酒的认识的时候，都提到这位大神和这两本书，它们的发行时间20世纪70~80年代，正好就是美国精酿啤酒刚开始萌芽和发展的时候。很难估计他到底起到了多大的推动作用，但确实有相当多数的精酿先驱和精酿爱好者们，是通过这两本书才了解到啤酒的广博世界；它们极大地启发了美国第一代精酿人，开阔了他们的眼界，把啤酒多样性的概念植入了很多人头脑中，美国这批精酿师开始从模仿到创造，开出了一片新天地。

迈克尔·杰克逊对啤酒分类的奠基工作更是划时代的，现在世界最有名的美国酿酒师协会对于啤酒分类的划分就是基于他的工作开始的。不要小看啤酒分类，有了分类，才能更好地做啤酒推广和营销，才能进行更严谨的啤酒比赛。这些对于消费者也许不重要，但对于整个啤酒业界，甚至任何一个行业，对产品的一个有意义的、严谨的分类，都对这个行业的发展起到至关重要的作用。

遗憾的是，这位大神已在2007年仙逝，他把一辈子的职业生涯都用在了普及啤酒和威士忌上。用一个俗套的说法，如果他看到在今天连中国也有这么多人喜欢比利时啤酒，进而喜欢上精酿啤酒时，也应该含笑“酒泉”了吧。

比利时啤酒是唯一一类似乎从未受现代化和工业化影响的啤酒。仅仅1 200万人口的小国仍然有上百家啤酒厂，生产着成百上千种啤酒；很多啤酒仍然采用最传统的方式生产，并且自成一派，各有风格；各式各样的香料、辛料，各种水果、蔬菜，各种酿造和陈酿方法，千奇百怪的酵母、细菌，各种啤酒和红酒的跨界混搭，都被用到了各色比利时啤酒中。没有这些千娇百媚的比利时啤酒，也许今天的啤酒世界真的不会这么快就这么丰富。

比利时也是传统啤酒国家里几乎唯一一个真正“尊重”啤酒的。你注意看比利时啤酒的包装，常常特别的“高大上”，很多啤酒会被装到香槟瓶中，像一个真正的年份酒一样被保存、销售和品用。每一个牌子的比利时啤酒，也都会有一个自己的特色酒杯，在一个比利时啤酒吧里，吧员不管再忙也会给你找到每款啤酒对应的杯子。在比利时的高级餐厅里，各款美酒（当然是啤酒）与各道美食的搭配，当然也是传统而严肃的话题。

繁杂多样的比利时啤酒，让我们接下来简单了解一下吧！

比利时小麦啤

如果说比利时啤酒作为一个整体影响了现代啤酒的发展，那比利时小麦风格啤酒（Belgium Wit）对精酿啤酒在中国的普及，却是起了最重要的作用。

国内这种风格啤酒的代表作就是福佳（Hoegarrden）。福佳作为一款极其成功地进入我国的比利时小麦啤酒，在色香味和包装上极大地迎合了中国人的消费习惯，让许多中国人通过它认识了比利时啤酒进而认识了精酿啤酒。我身边许多国人的精酿入门酒，就是这款畅销全中国的福佳白啤。

一个不懂啤酒而初喝福佳的人，很容易被吸引。首先它的名字就很讨喜，中文名好记，有喜气，外文名叫呼噶登也好念。英文不好的人也可以很容易念出来，显得颇有×格。福佳的酒杯设计更是一绝，其容量和标准啤酒杯一样，但酒杯壁特厚，酒杯就显得特别大，一来给人豪饮的感觉，二来给人划算的感觉。福佳酒外观黄白而粉嫩，小麦带来的浑浊让人觉得里面特别有“料”；闻起来清香可人，带着明显的香料味、橙味；入口更是极为容易，回口又带甜，啤酒花的苦味值极低，既能明显喝出酒的不一样，又非常适合很多国内啤酒“小白”的口感。这样的酒想不流行都难。

但其实福佳一开始并不是这个味道。这种传统的比利时小麦啤酒，起源于数百年前大量香料和辛料开始流行欧洲大陆特别是比利时的时候，这种小麦淡啤里开始大量地使用各种香料来调味，加上比利时啤酒特有的各种产香极其丰富的特色酵母，就产生了这种极其清爽但口感却富有变化和层次、香气浓郁的小麦啤酒。在比利时，每一个酒厂都有自己不同的香料配方，各种各样的香料都会被组合进来，这类的啤酒曾经风靡一时。但在近代，到了20世纪50年代的时候，和很多啤酒种类一样，受到世界大战、工业化的影响，竟然彻底消亡。幸运的是，一个怀旧的比利时人，在1966年的时候，就在比利时福佳市当地，设立了一个新的啤酒厂，专门生产叫福佳的传统比利时小麦风格的啤酒，于是很多人又重新开始喜欢上这种啤酒，越来越多的酒厂开始生产这类啤酒，特别是随着现在精酿啤酒运动的兴起，这种风格的啤酒大有席卷全球之势。

福佳酒厂在1985年遭遇了一场大火，损失极为惨重，老板不得已向百威集团要钱注资，从此以后，福佳就一直被要求修改配方，以适应“更大众”的口味。创始人最终忍无可忍，卖掉所有股份，跑去美国开酒厂，继续坚持他的传统配方去了，福佳因此也就越变越淡，最终成了现在这样。不是说现在的福佳啤酒不好，只是它为了适应尽可能多的大众，已经又一次失去了很多风味了。这样的故事总是在不断地提醒我们，要保护精酿啤酒，就必须明确其背后的文化含义——多元化和独立化。

现在比利时小麦啤已经是国内精酿啤酒圈一个最常见的啤酒风格之一了，很多国内的精酿啤酒厂和啤酒屋都自己生产比利时小麦风格的啤酒。没办法，对于很多国人来讲，这种风格实在是太合适销售了，而且这种啤酒的生产成本也相对比较低，并且因为酒精度比较低，发酵周期短，后续大多也没有其他的后发酵工艺，所以这种酒厂家愿酿、消费者愿喝。

比利时小麦啤中香料起着至关重要的作用，而我们中国作为一个香料大国，给有创造力的酿酒师们发挥的空间就太大了，所以各家的比利时小麦啤各有特色。有一些啤酒屋的比利时小麦啤酒，其实完全不逊于甚至超过了福佳白啤。特别是这种比较淡的小麦啤，就像IPA和皮尔森一样，非常讲究新鲜度，因此，国产精酿啤酒在这个方向上生产的对于国人来说就是世界顶级的啤酒。大家完全不用迷信进口啤酒，你甚至都不需要专家的口感，你自己闭上眼睛来个盲品就知道了。

修道院啤酒（Trappist and Abbey Ale）

现在比利时精酿啤酒中另一类最流行的就是修道院(Trappist)啤酒了。很多人都听说过这是修道士们酿的酒,但很多人的第一反应就是:修道士怎么可能酿酒？修道士不应该是清修的吗？难道欧洲也都是花和尚？其实他们不仅酿,还要自己喝,不过自己喝的酒精度会比拿来卖的低很多,但千万不要以为他们是酒肉和尚,他们都是真正的修道士,遵守严格的清规戒律,喝酒是他们的传统,啤酒就相当于饮料,是把粮食换一种形式而已,和奶酪什么的一样,就是日用品。这些修道士卖酒完完全全只是为了维持修道院的日常运转和当地的慈善公益,所以他们每年的产量都有定额,一桶都不会多酿。这几年这种啤酒在世界各地越来越有名,但修道士们并没有因此就大肆扩张,仍然坚持过自己的清修生活。

也许见惯了一些地方各种和尚的新闻,大和尚开公司,小和尚上班制,寺庙出租给假和尚赚钱等,真的很难想象在西欧这种烟柳繁华之地还真有这么多修道士过着有钱不赚的清苦生活。关于他们的历史和文化真的可以写N本书,简单说就是罗马天主教有一个分支叫Cistercian,崇尚过一种自给自足的生产和生活方式,要求平静、清修,平时最好就只做两件事——劳作和念经诵佛。Cistercian 其实就是法国东部一个村庄的名字,11世纪的时候这里建立了以之命名的修道院。

Trappist这个名字来自法国诺曼底地区一个叫La Trappe的修道

院。17世纪的时候这里发起了一个“更紧密地围绕在St. Benedict同志思想周围”的活动，终于在19世纪末在教皇的批示下从Cistercian下脱离出来，成为一个独立的Trappist分支。这个教义下的修道士原教旨地严格遵守St. Benedict的教导，成天只祷告和劳作，其他所有的事都被认为是不必要的，甚至包括说话，不到“不得不”的时候这些修道士是不说话的。

从历史和地理来看这些修道士酿啤酒简直是必然的。在那个年代的大麦产区，啤酒可以说是最安全、最有营养和性价比最高的饮品了。这些修道士给自己喝的啤酒度数都不高，不至于喝醉，但是干净、卫生、有营养。他们会多产一些啤酒和奶酪，卖点钱给自己添置点基本的衣物，修缮下房子，给本地小孩买点糖吃什么的。但什么东西都怕个认真，这些清修的修道士慢工出细活认真做出来的东西当然与众不同，且童叟无欺，慢慢地就流行起来了，于是很多人特别是非Trappist的修道院也打着他们的旗号开始卖酒，所以后来就有了规定，只有信奉Trappist教的修道士在Trappist修道院里酿出来以慈善为目的生产的酒，才能叫作Trappist啤酒，才能打上Authentic Trappist Product的标志，其他修道院里产出的，只能叫Abbey Ale。

现在比利时有六家修道院在生产Trappist啤酒，其中五家的产品在中国已经能经常看到，分别是智美Chimay、罗斯福Rochefort、西麦尔Westmalle、奥威Orval和阿诗Achel。唯一在国内还极少看到的，是威斯勒特隆Westvleteren，这款酒有 6 、8 、10三个版本，代表酒精度，这个品牌是Trappist啤酒里“×格”最高的，因为只在酿酒的修道院里卖且只出售给个人，顾客网上预约以后，可以去酒厂最多买走一箱，他们坚决不卖给任何代理和经销商。这种酒包装上的×格也非常高：它没有包装，就一个光瓶子，只在瓶盖上印有Westvleteren的字样。这款酒受到了很多啤酒发烧友的追捧，特别是过去一二十年的精酿啤酒大发展，更是让它声名鹊起。在很多啤酒网站上，这款酒都被爱好者选为世界排名第一的啤酒，但其实真的没什么神奇的。读这本书到这个时候，你应该明白了，酒没有好坏，只有你喜不喜欢，排名第一，很大程度上是因为它的奇货可居，神秘的包装，以及修道院啤酒的背景，酒本身好不好？当然非常好，但值不值得因为它“好”而一定要去喝到它？我觉得就不一定了。国内有一些酒吧通过人肉搬运的方式搞回来一些这种酒卖，都是天价，如果不是土豪就不用尝试了，因为市面上有很多同档次的好酒，酒本身没什么神秘的。美国一个著名啤酒网站曾举办过这款酒的家庭自酿克隆大奖赛，最后的入围作品都和真酒非常接近，这还都是家酿啤酒爱好者的作品。

剩下五个品牌的Trappist啤酒，虽然比威斯勒特隆常见得多，但都是一样的好酒。奥威是其中稍有不同的一种，不像其他品牌都有几个版本，奥威就一种；它最特别的地方是，和其他几个Trappist啤酒都用纯粹的艾尔型酵母发酵不一样，是在主发酵之后，再加入数种其他酵母后继续陈酿二次发酵，其中就有一类酵母不是传统的啤酒酵母，它们的发酵会比较缓慢，并且能慢慢地消耗掉一些啤酒酵母无法消耗掉的糖分，让酒体变得更干、更薄，酒精度更高；更重要的是，在这个过程中，会产生很多啤酒酵母无法产生的特有的风味物质，甚至一点点的酸味，让其更加爽口；在其装瓶前，会再干投啤酒花，带来新鲜酒花的风味，然后再装瓶，和其他所有修道院啤酒一样，继续瓶中二次发酵。因为这些原因，奥威也是款非常适合用来做年份酒的品种，因为每一年它的风味都在改变，每一年都能带给人不同的惊喜：从刚开始的以新鲜酒花风味为主，慢慢地到以发酵风味为主，酒体越来越干，度数越来越高。一段美妙的变化。

Trappist里面最常见，常见到连国内很多超市都有的，就是智美（Chimay）了。智美常见的有三种，以酒标和瓶盖颜色来分，红、白、蓝，酒精度、酒体和颜色都依次递增，麦芽的香甜、香料味、克制的酒花味是它们共同的特征，度数很高、回口都不甜，层次分明，酒体复杂，特别是度数在10%左右的蓝帽智美，更是糅合了很多微妙的口感。

高度数的智美是很适合用来做年份酒的，喜啤士的创始人Michelle曾带回国一瓶1995年的蓝帽智美，是当世仅存的5瓶之一，笔者在2013年一个饭局上很幸运地分到了两口。这种已陈酿十几年的酒，已变得极为柔和，但酒体极干极淡，酒花味已几乎消失殆尽，取而代之的是更加丰富和微妙的果味、花味以及各种香料味。我只能说，喝这种酒给我的感觉就是，×炸天！看完这本书大家应该知道，我对说什么酒是好酒，什么牌子更牛这种说法一直是嗤之以鼻的，因为啤酒本身没什么神秘的，但时间是无价的，年份让这种酒充满了魅力，它就可以是“好”酒，这就是人类酿酒的最高境界，实现了对人类的味觉、嗅觉最大程度的满足感。而这样超高质量的美酒，在网上的拍卖价撑死也就是几百美元，有时甚至只有几十美元，面对动辄过万甚至数十万的年份烈酒和葡萄酒，我真心觉得，如果你真是一个美酒发烧友，你不追啤酒真是对你钱包的侮辱，当然你有可能是土豪不差钱，所以现在国外有媒体说：Beer is the new wine, wine the fur coat。你也不希望通过穿貂，来显示财富吧。

罗斯福是另一个国内很常见的Trappist啤酒品牌，三款常见版本都是深色，但按度数的高低分为6、8、10号。罗斯福的酿造中使用了深度烘焙的焦糖麦芽，还有大量比利时啤酒中常见的焦糖，让三款酒都有不少的焦糖味和麦芽甜味，丰富的果味、香料味当然是少不了的，但这些都被酒花味完美地平衡了。罗斯福10号的酒精度到了12%，这在传统精酿啤酒里已经是高得惊人的了，一瓶新鲜装瓶的罗斯福甚至能让你喝出酒精度的尖锐感，但只要稍加时日，酒体会迅速变得柔和，鲜明的酒花苦卷着多重的香料味和麦芽的甘甜，伴着一点点水果的酸爽，留下余久不散的回口。这让它在中国也有了众多的追随者。

所有的Trappist啤酒，像其他比利时啤酒一样，都有自己专用的高脚杯，倒进去一般都显得×格十足。仔细观察，你能发现好多杯子的杯底都有一些刻蚀，这些刻蚀就是为了让啤酒中的二氧化碳持续在杯底分解出来，不断产生泡沫。这些比利时酒在当地都极其便宜，一两块钱就能买到不错的了，虽然价格便宜，但在细节上是绝不含糊的。

十年前世界上一度只剩下比利时五家Trappist啤酒厂，现在，这类啤酒厂已不是比利时特有的了，除了比利时，荷兰也有了两家，奥地利有了一家，甚至美国也在2014年有了历史上第一家Trappist修道院酒厂。但人们说起Trappist啤酒，首先想到的还是比利时。不过，这几家虽都是在这股潮流下最近两年刚开的，但不要以为是修道士们也开始见钱眼开，看中这个潮流，想以此为噱头大肆圈钱，所有的新开酒厂都严格地遵循Trappist修道院的要求，以自给自足和当地慈善为目的在修道院内由修道士生产。每一家修道院在开酒厂以前，都派专人去其他修道院厂进行长时间的专门培训，凑钱买了最好的设备，配方、工艺都经过最高标准的严格设计，成品酒的品质和连续性都必须得到协会的认可才行。可以说，其他国家的Trappist啤酒，和比利时这些百年老厂的一样，都在世界顶级啤酒的行列。

兰比克(Lambic)

如果说修道院啤酒的文化就已让人啧啧称奇的话,那兰比克(Lambic)啤酒就更能体现比利时啤酒的多样性和奇葩性了。

兰比克产于比利时布鲁塞尔西南的一个小地方,它最神奇的地方就是它的发酵方式。世界上绝大多数的啤酒,发酵时最重要的事情之一就是精选自己特定的酵母,严格隔绝外界环境,防止野生酵母和细菌的影响,很多啤酒厂的酵母是核心机密,需要精心保护,少数酒厂虽然也会用野生酵母和细菌发酵,但都是自己选育、保存和培养的,都是多年传承下来的宝贝。但兰比克啤酒生产厂却是反其道而行之,啤酒发酵前会放在一个通风的室内冷却,和外界空气充分接触,附近山上吹下来的风带来当地的野生酵母和细菌,进行“天然发酵”,这就是奇葩的兰比克啤酒。

这是一种相当古老的啤酒了,几百年甚至上千年来当地人一直这样直接用“空气”来酿酒,而且一直都玩儿得转。欧洲人对环境的保护让人不得不感叹,这你要是在北京说你是用北京的空气酿的酒,估计世界人民没几个敢喝。这种神秘的方法和理念也许就是它能流行全球的原因之一吧。

兰比克啤酒在与空气接触一天后,不会再刻意人工加入什么酵母,就被直接转入了各种橡木桶发酵,这种“乱来”的发酵方式,把啤酒做酸,当然也就不意外了。但这种酸却是世界上最美妙和复杂的酸，十几种不同的野生酵母和细菌一起，慢慢地将其变为人间极品。而那些橡木桶其实也是重要的原料之一，它们的前身一般都是各种葡萄酒、威士忌桶，这样本身就能给啤酒带来更多风味和层次，而更重要的是，木桶本身是无法消毒的，这就让每一个桶都有了自己特有的微生物环境，一样的酒在不同的桶中发酵出完全不一样的东西。在很多酒厂里酒桶都不是编号的，而是有自己的名字，酿酒师最重要的工作之一就是了解这些木桶的“脾气”，以控制出品。

相比于其他啤酒，兰比克还有个特点就是对啤酒花的应用。几乎所有其他种类的啤酒，都希望用到最新鲜的啤酒花，更好地提出它们的口味和芬芳，但兰比克用的都是陈年的啤酒花，已经完全失去了味道，用啤酒花的唯一目的就是利用它的天然防腐性，这是因为啤酒花的苦味本身也和酸味不搭，而且新鲜啤酒花的一些物质，恰恰就是一些细菌的杀手，就像IPA当年大量加入啤酒花的原因之一是为了抑制细菌一样，兰比克啤酒里就几乎没有啤酒花的痕迹了。不过像前面说的，兰比克也不需要苦味，它的酸味才是撑起酒体的东西，这与很多果酒和葡萄酒很像，但是，特别是葡萄酒，又有哪一款能以兰比克哪怕十倍的价格达到和其一样复杂的口感和深度呢？兰比克，绝对是世界上最没有×格的顶级产品之一了。

时间，是兰比克啤酒的另一种“原料”。酒本身一般都会经过以年为单位的长时间的陈酿，酒体会从年轻时狂野的酸涩到后期逐渐柔和，层次渐渐显现，香味也更加复杂。酿酒师会根据各自的要求来判断什么时候可以出厂，这时的酒叫直接兰比克(Straight Lambic)。

理所当然的，也可以将新鲜的兰比克调和勾兑到陈年的兰比克中，将风味进行融合，得到更有意思的风味，这种叫格责(Gueuze)。有些Gueuze甚至自己都不生产兰比克，而只是将其他酒厂的兰比克进过来，自己调和，形成自己的品牌和风味。不管是直接兰比克还是格责兰比克，出厂时都得由专门的调酒大师来勾兑，这是个完全凭经验的艺术活，极大地抬高了兰比克啤酒的生产门槛，所以至今传统的兰比克在世界范围来看的话，也是很少见的风格。

和法国接壤的比利时，在啤酒酿制中常常融入水果的元素，最常见的就是Kriek(樱桃)、Peche(桃子)和Framboise(红莓)了。将陈年和新鲜兰比克勾兑后，加入水果，来一次完美的二次发酵，把啤酒和水果绝妙地融合起来，就成了水果兰比克。这种水果啤有两种形式，一种就是上面介绍的这种，用真正的水果，用最耗时耗力的传统做法完成的一件艺术品。因为有了二次发酵，酒精度一般更高，水果的加入使酸味更加尖锐，但酒体更加复杂，平衡更加微妙。还有一种就是比较现代的水果兰比克，比如现在国内常见的林德曼(Lindemans)牌的各种兰比克啤酒，它们都是用很低度数的酒直接加入甜味果汁提出果味，然后过滤、灭菌。这样的酒其实只能算兰比克的工业近亲，已经失去了兰比克大部分的风采，那个厚实的甜味也是为了满足现代人，特别是姑娘们对甜味的喜爱，不过仔细品来，还是有兰比克的痕迹在里面，没接触过酸啤的人可能一开始完全无法接受一瓶纯正的兰比克，但以这些不那么纯正的兰比克入门，也许还是不错的选择。

兰比克听着很神秘、很高深，这样的酒在国内如果大肆宣传，肯定能唬住很多人。比如很多人坚信只有茅台镇才能生产茅台,至少是生产出“最好”的茅台,其实都是粮食和微生物,在当代科学条件下,有什么不能分析的?你分析不出来只能说明你笨而已,并不能说明这个微生物种群有多神秘,更不能说明这样的酒无法复制和超越。是骡子是马拉出来遛遛,来个盲品就知道了。

精酿发展最早最快的美国,恰好又有一群最讲科学和最较真的酿酒师和科学家,他们早就开始发展自己的兰比克风格的酸啤。他们有的是通过微生物分析、人工添加当地的特色微生物种群进行发酵;有的是完全保持传统兰比克的做法,用当地自然风来引入酵母自行发酵。经过十几二十年的发展,有很多已经达到了很高的水平,在国际性啤酒大赛中,美国兰比克夺冠,早已不是什么新闻,再高妙的酒,哪怕是啤酒,也没什么值得迷信的。

不要以为就美国人较这个真儿,除了美国,在很多精酿运动波及的国家,都开始慢慢有了自己的兰比克风格的酸啤,这种古老的神秘啤酒,正在走向更多的人群,甚至中国。在本书成书之际,至少我们已经开始使用在中国本土收集的各式野生酵母和细菌来发酵和陈酿大批量的兰比克风格酸啤;同时国内也有了一些跃跃欲试的本地酒商。如果本书两三年后有机会再版(Hopefully!),希望有机会能介绍到我们中国的兰比克酸啤。

深色酸啤（Flanders Brown and Red Ales）

比利时啤酒种类繁多，分类本就是非常困难的事情，当地人更是没心情去做这些劳什子。不过我们讲过，要推广啤酒，要评比啤酒，那么分类就是必须的了。所以，我们在这里勉强把比利时所有佛朗得（Flanders）地区带酸味的啤酒，归为深色酸啤和红啤。

这类酸啤和兰比克酸啤相比最大的区别在工艺上，兰比克依靠的是空气中的天然酵母和细菌发酵，深色酸啤也是依赖各种野生酵母和细菌，不过是由酿酒师主动添加和投入的。每家酒厂都有自己特有的微生物种群，常常可以含有数种甚至数十种酵母和细菌。这种发酵方式虽然感觉比兰比克要“靠谱”一点，但酒的成品也是非常不可控的，主发酵一般可持续一个月到数个月，还需要经过长时间的陈酿，一年到三年，甚至数年不等。这种酒虽然是人为添加酵母，但每一批酒仍然会展现出极大的区别，每一只陈酿的木桶也有自己特有的微生物种群，更是带来各种不同。所以和兰比克酒厂一样，酸啤的酒厂也由自己的大师将不同年份、不同批次、不同木桶的酒调和勾兑在一起，一是提高出品的稳定性，二是将新酒老酒的酸度、烈度进行中和。这是个纯艺术活儿，很多酒厂都不是靠酿酒师来做，而是由专门的调酒师和木桶管理师来做，也是酸啤生产最大的门槛之一。

这类啤酒的酒精度不会太高，一般5%~6%，但是仍然适合陈酿，买回家后放几年，每年都有不同的味道。深色啤酒一般都采用深度烘焙的麦芽，但这种酒的烘焙味很弱，苦味也很低，在酿造中与兰比克一样，加入的是陈年啤酒花，只是起一个保质的作用，酸是它的骨架，甜是它的平衡。

当地人骄傲地把自己的酒称为比利时的勃艮第葡萄酒，但我觉得这个类比非常不恰当，应该是勃艮第人骄傲地宣称自己的酒像法国的比利时酸啤，比利时农民们太妄自菲薄了。

一款比利时的深色酸啤，其美妙的层次，丰富的香味和口感，酸味和甜味完美地共舞，一口下去那种畅快的愉悦，哪里在任何"品质"上逊于你喝过的那些昂贵的葡萄酒？更重要的是，喝这些酸啤，不像葡萄酒，你根本不用去管哪座山头哪年的收成好所以酒好的屁话，都21世纪了，基因都可以转了，还吹什么"天时地利"的鬼话。每一瓶酸啤，虽然味道本该千差万别，但在出厂的时候就被像艺术家一样的酸啤混酒师调配好了，你根本不用担心买到"年份"不好的酒，每一瓶酒都是好酒！国内现在也能买到不少来自比利时的酸啤了，就算国内进口酒加价不少，但也就几十块钱一瓶，几十块啊！你在餐厅喝瓶燕京还得20元呢，多加一二十块，你就能喝到世界上顶级的酒精类饮料，顶级艺术大师的作品，简直丧心病狂没天理！当然你有可能是土豪，觉得酒太便宜肯定好不了、不能喝，因为你只喝贵的，那就还是那句话：Beer is the new wine, wine the fur coat。

塞松（Saison）和法式淡啤（Biere de Garde）

不管是塞松还是法式淡啤，都属于一类农场艾尔啤(Farmhouse Ale)。塞松(Saison)起源于比利时的法语区Wallonia的农场里，法式淡啤(Biere de Garde)当然就来源于法国和比利时接壤的农场。别以为法国就只是个盛产葡萄酒的国家，其实它也有着悠长的啤酒酿造史，特别是在它的大麦产区里。近年来随着精酿啤酒运动的发展，法国的小啤酒厂也在快速增长。我相信在法国这样对生活品质有超高要求的国度里，纵使葡萄酒传统如此强势，但在未来也一定会成为世界精酿啤酒版图上新的重要一极。

回到农场啤酒，之所以有这样的统称，是因为它们由来的文化传统是一样的。农民大叔们干完活需要东西来解渴，啤酒当然是最好、最安全的选择，各家都自己有地，当然也就自己种粮食自己酿了。但夏天的高温是没办法酿酒的，所以他们都是开春前把所有酒都酿好，春夏季节就忙农活，入秋忙完收工，又开始酿酒。直到现在，很多农场艾尔啤酒厂还在农场里面。这些酒厂除了卖酒，也卖牛奶、奶酪、鸡蛋什么的，因为酒和这些东西一样，都是生活的必需品。

所以从历史上来看，这类啤酒的酒精度都相对比较高，这样就可以让其安稳地度过一个夏天也不会变质；酒体都比较薄，回口很干，这当然是因为农民大叔们干完活以后就想来点解渴的东西，所以一定要容易入口，回口干脆才行。和很多比利时啤酒一样，酵母是这类啤酒的主角，千差万别的口感和香气都来自各种各样长得奇形怪状的酵母。除了酵母，各式各样的香料，也被广泛应用于这类啤酒，特别是塞松啤酒里，并带给它更多的变化和可能。

塞松除了更多香料的应用，还有个区别于法式农场啤酒的特点，就是在回口中常有一点微妙的酸涩。这其实也不意外，在比利时，野生酵母和细菌都或多或少地参与到了很多啤酒的发酵中。这点酸味常常让啤酒更加易于入口和畅饮，也让这种风格在当地一直流行到了现在。

塞松啤酒这种多样化的个性，让其充满了无限可能，所以在现在的精酿啤酒新浪潮中得到了更多人的关注，并在苦度、色度、酒精度以及用料上，都在不断地创新和变化。塞松也被作为“基酒”，发展出了很多新的子风格，比如现在小有流行的塞松IPA（Saison IPA），顾名思义，就是抬高了苦度值，加入了啤酒花香的塞松啤酒。还有烘焙麦芽的塞松世涛（Saison Stout），更高酒精度的帝国塞松（Imperial Saison），等等。它们的共同特点就是保留了塞松的香料感和独特的酵母发酵感，然后和其他风格进行融合。

比起塞松，法式的农场淡啤酒（Biere de Garde）虽然历史文化是基本一致的，但酒本身也还是有一些明显的区别，比如一般没有塞松的酸性回口，香料的使用也相对比较少，很多香料的味道来自于酵母的发酵味而不是香料本身。酒体上，也许是法国人更多喝红酒的缘故，法式农场啤酒常常更加饱满，麦芽味更重、更甜，酒精度也常常更高，8%左右也是非常常见的。

法国这样的葡萄酒国家,在啤酒的包装上也做到了啤酒该得到的"高大上"形象,这点在现在的精酿世界里虽然非常常见,但在传统啤酒里却是少数。有人现在甚至把一类啤酒归为一个新的种类,叫香槟啤酒(Bière de Champagne),就是将啤酒经过长时间的冷藏,然后像做香槟一样进行排酵母和汽化,并且包装成香槟瓶的样子。这类酒也常长得和香槟酒一样,选用大量极浅色的麦芽,酒体极淡,颜色很浅,杀口感很重,酵母的辛辣感支撑起了酒体。这样的酒带给你的酒本身所具有的饮用快感,不会低于你喝的任何一款香槟。

其他比利时啤酒

当皮尔森在18世纪横扫欧洲大陆的时候，很多地方都开始推出与之类似至少在颜色上类似的啤酒。比利时人也不例外，那时起，比利时出现了不少类似皮尔森的淡色的啤酒，金黄透明，酒精度中等，5%左右，苦度也中等且柔和，回口干脆而爽口。可以想象，还没有冷冻技术的比利时人，他们的皮尔森也只能是艾尔啤酒，这些特点听起来很像英式淡啤(English Pale Ale)，但酵母不同才是它们最大的差别。与英式淡啤、英式苦啤相比，比利时的艾尔酵母大多花香味较弱，常常带来一些香料味，特别是微弱的辛辣的香味，这就形成了特有的比利时淡啤。当然，这种分类是现代人为了分类而分的类，比利时人并没把这些啤酒叫作比利时淡啤，而是叫作Special或是Belges，甚至直接就叫艾尔(Ale)。

就像健力士(Guinness)定义了爱尔兰世涛这个啤酒种类一样，有一款比利时啤酒也定义了专属它的风格，这就是和福佳一起同样畅销国内的督威(Duvel)，这类酒被定义为比利时金色烈啤。督威是比利时一家传统的家族式啤酒厂生产的，这款酒长得很像拉格类淡啤，金黄透亮，但酒精度却达到了8.5%，汽化水平很高，杀口感非常足。督威有自己专用的郁金香型的啤酒杯，一方面是为了品牌宣传，另一方面更重要的原因是比利时郁金香型杯子上部的收口能更好地留住泡沫。一杯督威倒入这种杯子后，正好是一半酒一半沫，并且沫能持久地挂杯。酒的香气非常迷人，各种橙香、果香和啤酒花香交织在一起，入口酒体极淡，但强烈的杀口弥补了不足，回口能感到高度数带来的微弱的酒精感；一点点辛辣味、烟熏味蕴藏其中。要的就是舌尖上的冲击。这也是比利时啤酒中少有的适饮温度比较低的啤酒。

这款酒在国内销量也相当不错，特殊又有格调的杯子，霸气的外观，很高的酒精度但又容易被国人接受的口感，都让这款酒占了先天优势。刚进入国内的时候代理公司也针对这款酒做了很多特殊的推广，比如在很多酒吧都见过的"1小时 8 杯督威，不醉就免费"的促销。很多国内的酒腻子1小时 8 杯普通啤酒是一点问题都没有的，但贸然尝试8.5%的督威，很容易就挂得很惨了。这样的促销效果出奇地好，但对督威这样的经典精酿啤酒来说，也不知道是幸运还是不幸了。

这类酒的深色版本比利时深色烈啤(Belgium Strong Dark Ale)，本身就涵盖了所有的比利时深色烈啤，除了都是深色外，各方面变化其实都很大，但有几点是共通的：一是有或多或少酵母发酵的辛辣感；二是较高的酒精度；三是都有一定明显的麦芽甜。这里面国内最有名的就是"失身酒"深粉象(Delirium Nocturnum)，这个"失身酒"的宣传也算国内一个经典的营销案例，取意就是这酒喝了容易让人"乱来"，其实这款酒的度数虽然有8.5%，但在精酿啤酒里并不是特别的高，而且它的酒体并不薄，不太适合畅饮，但很多人还是被忽悠进去了。这其实是个非常复杂而精致的经典比利时啤酒，可惜被这么一宣传让人感觉好酒被经销商给糟蹋了：你什么时候听人说过一个上好的苏格兰单一纯麦是失身酒？你什么时候听人说过一个法国顶级酒庄的年份好酒是约炮酒？深粉象从酒本身来讲，差在哪里？我想不出来。

现代精酿啤酒的风潮当然也席卷了比利时，这个古老的啤酒国度做出的回应之一，就是出现了受美式IPA影响的比利时IPA，即Belgium IPA。和经典的美式IPA相比，比利时IPA一样是大量采用美式啤酒花，嚣张，绚丽。它们最大的区别当然还是在酵母上，美式艾尔酵母那种特别中性与柔和的口味在比利时是找不到的，啤酒花香和酵母的发酵香交织在一起，常常带给比利时IPA更丰富的香气和口感。上面说的督威也跟了这个风潮，它选用的三款美国啤酒花生产的IPA，借督威之力，也在国内大受欢迎。

▲

比利时布鲁塞尔迷幻酒吧的“酒水单”：这其实是一本书了，你可以5块钱一本直接带走，但里面真的只是酒水单，共有2 000多种啤酒。你任意点一种，吧员都会在两分钟内从储藏室把酒找出来，再找出专门搭配的杯子，用一个优雅的姿势帮你倒出来

▲

很多比利时酒厂至今仍然使用着上百年的设备，破旧的厂房，纯手工的“粗糙”生产，这要是在没有啤酒知识的国家，早就会被作为“黑作坊”而灭掉了，但它们却一直生产着世界上最好的啤酒

▲
历史悠久、风景如画的奥威修道院。畅销国内的奥威啤酒，就是在这里酿造的

▲
啤酒圈和威士忌酒圈的终极大神迈克尔·杰克逊。他的工作极大地影响和改变了当代的啤酒和威士忌，他更是当代精酿啤酒运动最重要的开创者之一

◀

传统兰比克啤酒生产的接种室：麦芽汁酿好以后，就倒入这个又大又浅的池里冷却，当地的风从窗户吹进来，带来野生酵母和细菌，过夜后转入橡木桶发酵并陈酿，一般三年后才出酒。至今，比利时的兰比克啤酒厂，仍然采用这样的传统生产方式

▲

最经典的比利时淡色烈啤之一——督威。倒入专门的郁金香型啤酒杯后，泡沫和酒各占一半，强烈的汽化水平带来浓烈的杀口感

▲

比利时啤酒的杯子都是五花八门，每一种酒有自己专门的杯子。这是快克啤酒专用的骑手杯

▲

国内大受欢迎的罗斯福啤酒，有自己专用的“圣杯”。比利时不仅酒好，对酒的包装也是经典和 × 格齐飞

2.4 来自美国的当代精酿啤酒

在编排这一章的时候，很犹豫的一件事就是该把美国啤酒这部分放在哪里，因为很多人都问过我这样一个问题：这世界上到底哪里的啤酒最好？我的回答都是啤酒没有好坏，只有个人喜好。我的个人喜好，就是美国啤酒。

在这里，人们把对啤酒的热爱和自己的文化完美地结合了起来，在各个方面不断地把啤酒和啤酒精酿技术推向极致。美国人对美好生活的追求和对自由和极限的向往，让他们在自酿啤酒解禁后短短二三十年时间里创造了世界上最灿烂的精酿啤酒文化，以及最极致的美味啤酒，把美国从啤酒沙漠变成了啤酒天堂，把小型多元化生产、创新的精神带给了世界，激励了无数热爱生活的人，利用啤酒，把这个世界变成了一个更加美好的地方。

啤酒是从欧洲传到美国的，但时至今日，美国人已经开始反过来影响欧洲，近些年来许多势头很猛的新锐欧洲啤酒厂，都有着深深的美式精酿啤酒的影子。这股风潮甚至还某种程度上“挽救”了英国、德国这样的传统啤酒国家，越来越多的人开始重新喜欢上传统啤酒，很多已经绝迹的啤酒重新回到了人们的酒桌上。不仅是欧洲，现在全世界许多国家的现代精酿啤酒的倡导和发起者,也有很多是旅居国外的美国人或是有着北美生活经历的本国人,这些啤酒的风格也深深地受到美国精酿啤酒的影响:更大胆,更多料,更奔放!

从这个意义上来说,美国啤酒才是该首先介绍的重点,但考虑到最早启发美国的是欧洲啤酒,美式啤酒的风格也是从欧洲传统风格的基础上发展而来的,所以还是按时间顺序,把美国啤酒放在了欧洲之后。

美国的啤酒,不让人意外的,最早是欧洲人带来的。欧洲人在殖民北美的早期,啤酒是最重要的饮料,因为它不仅能提供大量的营养,更是当时在新兴城市里最安全的饮品。据说在北美殖民史早期每一处殖民点最早的建筑,除了教堂,就是小酿造厂或是小酒馆。

美国这个大杂烩,一开始当然也是啤酒的大杂烩,各个国家的啤酒风格都能在这里找到,不同的地方有不同的啤酒。美国人强大的DIY精神和开拓精神也让各种啤酒在这里得到了极大的发展。19世纪美国啤酒发展巅峰期,全国有2 700多家啤酒厂,生产着各式各样的欧洲传统风格啤酒,但这一切都终止于美国臭名昭著的禁酒运动,在这之后美国的小型啤酒厂几乎消失殆尽。接下来的世界大战,以及工业化大发展,更让啤酒厂数量大幅锐减,到20世纪70年代中,全国只剩下几十家大型酒厂了。那时候的美国和现在的中国极其相像,为数不多的大型酒厂生产着同一种千篇一律的工业水啤,并且控制着所有的啤酒产量和销量,大部分民众也浑然不知,觉得啤酒也就这个样。

但在美国一些发达地区，特别是经济发达、人口混杂的加利福尼亚州，很多人都有欧洲的生活和旅行经历，体验过很多欧洲国家高质量的饮食文化，丰富多彩的葡萄酒、种类繁多的奶制品、各种高质量的新鲜蔬菜，越来越多的人开始不满足于美国当时过于工业化的饮食环境，越来越多的人开始追求饮食的多样化、新鲜化、本土化。这里面，当然也包括啤酒的多样化。

在几乎同一个时间，即20世纪70年代末80年代初的时候，美国还发生了一件事，一些州开始把家庭自酿啤酒合法化，过去美国人就算在家里自己酿啤酒自己喝，都是非法的。别小看这制度上的一点点改变，它在美国啤酒历史上起到了难以估量的作用：热爱DIY的美国人开始迅速地在家里自酿啤酒，他们都变成了啤酒达人，像一颗颗种子一样在全国各地生根发芽，越来越多的人通过自酿啤酒知道了啤酒的多样性，而他们其中的一批人，突然发现，自己家里酿的啤酒比工业啤酒好喝多了，而过去几十年，全国竟然没有一家新的啤酒厂出现，那自己何不去办一个，酿出好酒来推广给大家？

而这个市场正在迫切地呼唤更多样性的啤酒，于是，从20世纪70年代末到80年代初，越来越多的小型啤酒厂（Micro-Brewery）和自酿啤酒屋（Brewpub）在美国全境遍地开花。刚开始大家只是根据本国国情，生产一些传统风格的啤酒，但很快，各式各样美国特色的美式啤酒开始流行，新的风格不停诞生，新老风格又不停地交汇融合，无数美国酿酒师把创新精神贯彻到了啤酒生产的每一个环节，从产品定义，到包装，到生产原料、工艺，再到销售方式，都彻底颠覆了旧的观念。过去三十多年，虽偶有波折，但美国精酿啤酒总体上一直保持了高速增长。时至今日，美国已有了超过3 000家啤酒厂，达到了历史的最高峰；全国有上百万家酿啤酒爱好者和不可计数的精酿啤酒发烧友。可以说，美国，现在就是当之无愧的啤酒王国！

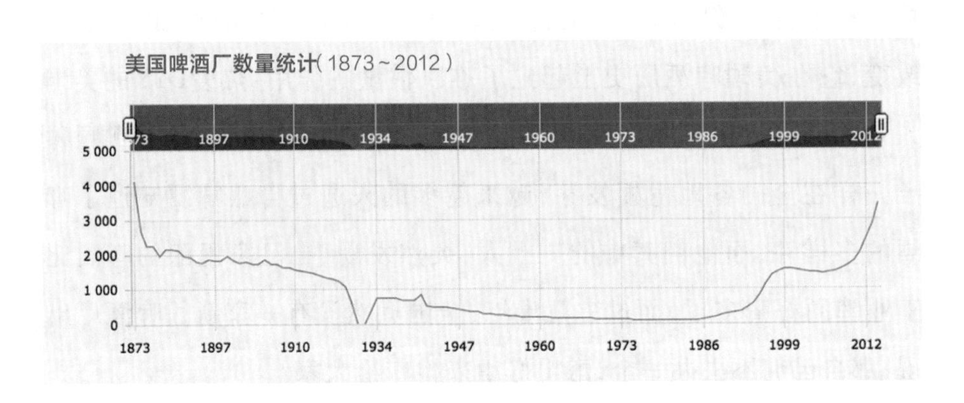

▲

美国国内的啤酒厂数量，在过去二三十年间爆发，已经回归历史最高点

美式淡啤和 IPA（American Pale Ale & IPA）

如果说美国精酿啤酒是世界新兴精酿啤酒的起源，那美式淡啤（American Pale Ale），就是美式精酿啤酒的起源。

我们之前介绍过英式淡啤（English Pale Ale）、德式淡啤（Kolsch），美式淡啤和它们一样，它的出现和发展受到了当地地理和风土环境的极大影响。

首先是麦芽，北美大陆不同于欧洲，它出产的麦芽比起英、德这些传统啤酒国家的麦芽，在口感上层次要浅上一些，在尺度上更单一一点，那种麦芽的香味要淡些，所以要去做一些传统的欧洲风味的啤酒，难度是比较大的。很多酿过酒的朋友都有体会，如果用一些传统的英、德麦芽，酿酒时满屋子都有浓烈的麦芽香，这是美国麦芽所欠缺的。

如果说美国麦芽要"淡"一些，那啤酒花就完全是另外一回事了。美国啤酒花奔放，有时甚至粗暴，味道更尖锐，气味更独特。更特别的是，美国的一些啤酒花有明显区别于欧洲大陆的味道：橙香、松脂香，美国最常见的卡斯凯特啤酒花就是其中的代表。有学者研究发现，这种特殊的香味来源于啤酒花中一种特殊的化学物质，这种物质的合成需要铜的参与，而北美土壤区别于欧洲大陆土壤的一个重要特点，就是铜含量更高，这就是所谓的一方水土养一方人吧。

影响着北美精酿啤酒发展的，当然还有其他的一些因素。在30年前美国现代啤酒先驱们刚开始做精酿啤酒时，很重要的困扰就是资金、技术。由于当时多数酒厂都是由家庭自酿啤酒爱好者开创起来的，一般都只能用简单的或是淘汰的设备进行手工生产，在这样的环境下，这些人都选择做艾尔啤酒也就顺理成章了。前面给大家介绍过，艾尔啤酒就是艾尔型酵母在相对高温的环境下发酵，对温度控制的要求相对较低，发酵周期较短，产品出厂快。还有重要的一点是，相对于另一种拉格型啤酒，口感和香气上层次大多会多一点，复杂一点，不像拉格啤酒那样一般更"纯粹"，更"干净"，藏不下一点不好的味道，这也在很多时候降低了对工艺的要求。

还有就是英国的传统苦味艾尔啤酒的影响了，据说它是当时很多美国人刚开始接触精酿啤酒时喝过的一种酒，因此艾尔型啤酒也就成了当时所有美国酒厂的选择。

所有的这一切，自然而然地造就出了这样的啤酒：简单，清爽，直接的麦芽，典型的美式啤酒花，加上艾尔型酵母。既然在麦芽上出不了彩，那就在啤酒花上下功夫，这就形成了美国现代精酿啤酒运动中第一个自己的风格——美式艾尔啤酒。也正是这种风格的发展、壮大和进化，一步步地把啤酒花从啤酒的一种辅料，推到一个炫目，甚至可以代表美式啤酒的地位。这一点也可能是美国精酿啤酒带给世界啤酒圈最大的影响和贡献。

现在几乎所有的美国酒厂都会做这种风格的啤酒，很多美国人跑到世界各地包括中国来开酒厂，必做的一款酒也是美式淡啤。

这种啤酒里最有代表性的就是Sierra Nevada酒厂的经典美式淡啤了，这应该是美国最早、被模仿得最多的一款淡啤。简单的麦芽配比，不太高的酒精度，典型的、清爽干脆的美式啤酒花香，干脆的苦香回味。这类啤酒在当今美国随时随地都能喝到，在我们国内现在也常常能看到。这种酒的感觉和美国人的感觉是一样的：简单和直接。虽然没什么太多的层次感，但明显的啤酒花香，极易入口的口感，啤酒花干脆的回味，这样的酒在当时的美国，也绝对是耳目一新了，想不流行都难。

美国人对精酿啤酒的追求是更炫、更大、更嚣张，这种普通淡啤是注定不能满足他们的，自然而然的，更多的啤酒花被加入到啤酒中，变成了最重要的特色成分，这就是美式印度淡色啤酒（American India Pale Ale）。

前面讲英国啤酒的时候讲了印度淡色啤酒（India Pale Ale，简称IPA），这种特殊的风格在当时并没有多大的影响，如果不是现在的精酿啤酒运动，IPA或者早就消亡了。美式IPA并不起源于英式IPA，而只是美式淡啤的延伸，它真正的诞生就是在30年前的美国。目前它刚刚进入自己最美妙的青春期，正光芒四射，横扫全球。

前面说过美国初期酒厂生产的资金和技术都是有限的，所以美式淡啤曾大为流行，同理，IPA就更受欢迎了。和那个传说一样，酒精度和啤酒花都是天然防腐剂，更高的酒精度，更多的啤酒花，成功地让啤酒变得更美好了。很多酿酒师不愿说的是，这也可以让个别酿酒过程中的瑕疵，被很好掩盖。

但这不是说IPA或者PA就是“低档”啤酒，或者说它很容易酿好，只是说它的特性注定了在30年前的美国被酿酒师所重点关照，但其之所以能流行起来，还在于它本身的美味：一个漂亮的经典美式PA或是IPA，一定是金黄剔透的，洁白的泡沫在酒杯上留下美丽的花边；拿起酒杯，还没开喝，美式啤酒花浓烈的香气就冲到鼻根；轻轻地来上一口，起初一点点的麦芽香甜迅速地被爽口的啤酒花味所覆盖，酒体清脆迷人，一口下去，你会情不自禁地“啊”上一声，快感难以言表。所以说，IPA是最适合用来向人介绍精酿啤酒的入门酒之一，冲击感十分直接和强烈，让很多人一下子就能记住。

美国人带着他们的IPA攻打着全球，现在，不管是在后现代的北欧，还是传统的英国、德国，或者是亚洲的酒技大国日本，都能看到一帮美国人或是深受美国影响的各国年轻人，以IPA为利器，向全世界的人重新介绍啤酒。现代精酿啤酒早已不是IPA这么简单，种类早已多到不可计数，但IPA绝对是一个奠基者，它以其最夸张和炫目的方式，带给所有人一个冲击，重新激活了人们的味蕾。

就算在国内，现在最流行和最为人所熟知的精酿啤酒风格，也数IPA了，导致很多人误以为美式啤酒甚至精酿啤酒就是用很多啤酒花的啤酒，这就贻笑大方了。IPA虽然是重要的代表，但核心仍然是创新、多元和小型化，和啤酒花并无关系。实际上现在美国国内的IPA所占的比重，其增加速度也在变缓，越来越多的其他精酿啤酒风格，也正在变得流行。另外，国内现在能见到的IPA虽多，但好酒其实并不多见，一来所有的进口IPA都有新鲜度难以保证的问题，二来很多国内酿酒师误以为IPA就是多加啤酒花的啤酒，忽视了IPA对麦芽特别是结晶麦芽以及酒体的严格要求，做出的酒苦涩，难以爽口，也破坏了一些好奇的尝试者对IPA的美好想象。

让我们再回到美国。现在的美国人是如此的喜爱IPA啤酒，以至于大多数酒厂都有自己的IPA旗舰啤酒，每年各种啤酒大赛，IPA类啤酒总是参赛品种最多的，美国各地全年有各种IPA啤酒节，甚至还由美国人发起了世界IPA日，即每年8月的第一个周四。这股风潮也影响了欧洲，现在很多欧洲的酒厂也开始大量地试验美式啤酒花，做出很多明显带有美式风格的啤酒，这几年出尽风头的苏格兰酿酒狗啤酒厂的几款IPA，就有很重的美式风格，就连最传统的德国，也开始出现了大量的美式IPA，美国这种传统的啤酒×丝国家，终于成功逆袭了。

这种啤酒的流行在近年来也极大地抬高了啤酒花的价格，使其一路攀升，但这根本挡不住人们对更重口味的追求。IPA风格的继续发展，不出意外的，就是度数更高、啤酒花香更重的双料印度淡啤（Double IPA）了。提到这种啤酒，不得不提的就是俄罗斯河Russian River啤酒厂，就像健力士黑啤定义了世涛型啤酒一样，双料印度淡啤几乎就被这个酒厂的一款旗舰产品Pliny the Elder所直接定义了。这是俄罗斯河酒厂在1999年推出的一款双料重口味印度淡啤，它是如此的成功，以至于在它推出之后的十多年时间里，虽然全年供应，但一直在各地保持着缺货状态，一家酒吧一旦进货，就会有粉丝驱车数百公里成箱地购买。这款酒就像sierra nevada的Pale Ale淡啤一样，被无数的酒厂所模仿，被无数的自酿啤酒爱好者尝试克隆，在各大啤酒网站上常常被评为全美第一的啤酒，当然，这也就是所谓江湖地位的原因，而且这种地位一旦被建立，就很难被超越了。它的酿造师维尼，也成了全美精酿啤酒界甚至普通啤爱好者中间，像摇滚明星一样的偶像人物。

这款酒代表着所有双料印度淡啤的特点：8%的酒精度，不计成本的啤酒花投放，麦芽构成相对简单，酒体回干，其实就是简单的印度淡啤的加强版。不过在这种酒精度和复杂度下，啤酒的平衡就成了关键，酒酿造好后分多次大量加入各种美式啤酒花，带来双倍的啤酒花香，所以这种啤酒都最好在新鲜的时候喝，千万不要以为酒精度高就该陈放一下，因为啤酒花香衰弱得很快，越新鲜香气就越重、越迷人。

有了双料，你可以想象，在这个爱追求极限的美国，下一步出现的就是三料印度淡啤（Triple IPA）了。就像刚才说的，美国精酿啤酒运动就是把啤酒花从辅料的地位抬到绝对明星地位的过程。三料也很简单，就是再多的啤酒花，再重点的口感，酒精度一般在10%以上。为了达到这个酒精度而又不使用过多的麦芽影响到啤酒花的口感，酿酒师甚至都会直接加糖，使酒体变薄、把酒花味更衬托出来。这种酒的酒花重到让一般口味的人难以下口，你会感觉不是在喝啤酒，而是直接在喝啤酒花的苦酸了。

某些人的苦水，对有的人来说就是天堂圣水。三料印度淡啤里，最有名的可能也是同样来自俄罗斯河酒厂的同系列产品Pliny the Younger了。这款酒一推出，在前任Pliny the Elder的影响下，很快就受到了酒厂各地死忠粉丝们的热捧。它火到了什么程度？在酒厂发布当年新酒的时候，竟然都出现了粉丝露营排队抢购的盛景。是的，像苹果粉丝露营排队抢购苹果新款手机一样，他们来抢购一款啤酒！

不过这样的事情在当今全世界，也就只有美国可能出现了，这里已经培养出了相当多的懂啤酒、爱啤酒的人。期待中国也早日有那么一天。

美式棕拉格

虽然刚开始几年是各种淡色艾尔型啤酒，但敢于创新和追求极限的美国精酿爱好者是不会满足的，他们迅速地将口味延伸到了拉格型啤酒。前面讲过，这种啤酒一般是采用拉格下层发酵酵母在相对低温下发酵的，发酵陈酿时间比较长，口感更为“清脆”，香气更为“纯净”。虽然几乎所有的商业淡啤都是拉格型啤酒，但并不是所有的拉格啤酒都是商业淡啤，纯正的拉格型啤酒（参见之前德国啤酒的章节），有着它独特的风味和同样美妙的口感，但在当时的美国，这样的酒还是极为少见的（和中国现在一模一样！）而很多商业淡啤又都打着“高级拉格啤酒（Premium Lager）”“皮尔森啤酒（Pilsner）”的招牌，所以当时绝大多数的消费者把拉格啤酒和那种低档次的、黄不拉唧的商业淡啤不自觉地联系起来也就不奇怪了。

因此偶然中的必然，美国的精酿啤酒厂开始做拉格时，都把第一步放在了颜色上，它们在酿造过程中加入了传统拉格啤酒很少使用的深烘烤麦芽；同时在发酵温度上稍有提高，这样会使啤酒有一点点的果香，有一点点艾尔型啤酒的感觉；更重要的是，像美式艾尔啤酒一样，加入了大量的啤酒花，特别是仍然使用以前只有传统艾尔啤酒才会使用的“干啤酒花”法，即在发酵完成后继续加入大量啤酒花。所有的这一切，就又造就了一种美国首创的啤酒风格——美式拉格啤酒（American Lager）。它既保留了拉格啤酒的“清脆”感，又有艾尔型啤酒的香味和层次感，更带着浓浓的美式酒花的气息，一经面世，就迅速赢得了众多的追随者。

说到这款啤酒,就不能不提美国的两个先驱酒厂布鲁克林酒厂和波士顿啤酒公司了。

在纽约布鲁克林区,历史上曾有过数十家小型啤酒厂,生产着各式传统啤酒,甚至有条全是酿酒厂的街就叫酿酒者街。但这些啤酒厂在禁酒运动、世界大战、经济危机等打击后,逐渐萧条,20世纪70年代,在工业化啤酒的打压下,终于全部关张大吉。

20世纪80年代初,一个美国战地记者,史缔夫·海迪同学,在结束了数年的中东记者生涯后回到了老家。中东这种禁酒国家对很多西方人来说是个很痛苦的地方,很多人“被迫”学会了自酿酒,包括这位史缔夫同学。不过很多人图省事,只会买一些无酒精啤酒,加点糖,然后撒点入关时偷带的酵母,等几天就做成“啤酒”了。史缔夫当时却是个“严肃”点的自酿家,经常研究各种配方,实验各种啤酒,回国以后,自然而然地就把这个爱好带回了国内。

当时美国家酿啤酒解禁已数年,家酿啤酒运动方兴未艾,他也正好有条件在家继续酿酒了。当时的纽约,作为一个有着悠久啤酒历史的超级大都市,竟然已经没有一家啤酒厂。那开一家啤酒厂,又能有多难?史缔夫找到了他的一位在知名银行作投资顾问的邻居汤姆,两人一拍即合,汤姆更是在不久之后就辞去了他众人羡慕的高薪工作专心开酒厂去了。他们在后来酒厂的自传里写道:“所有人都觉得我疯了。”这个酒厂就是布鲁克林酒厂,布鲁克林酒厂的第一款酒,也一直是它这二三十年来的旗舰款,现在连中国很多地方都能看到,就是布鲁克林拉格(Brooklyn Lager)啤酒,是典型的美式棕拉格啤酒。据说这几十年来配方几乎没有调整过,一直非常受欢迎,花香、松脂香透露着美式啤酒花的美妙,麦芽香和淡淡的焦香入口,被一个漂亮的酒花苦味所平衡,唇齿留香。

另一款经典的美式棕拉格就是来自波士顿啤酒公司(Boston Beer Company)的山姆亚当斯波士顿拉格(Samuel Adams Boston Lager) 了。波士顿啤酒公司也是诞生于20世纪80年代的一家先驱性的啤酒厂。创办者吉姆·科奇(Jim Koch)来自一个酿酒世家,20世纪酿酒业的衰落并没有阻止他的雄心,借着美国精酿啤酒运动刚刚起步的契机,拥有哈佛大学经济学学位的他开创了波士顿啤酒公司,而他的第一款酒,同样也是一直以来的旗舰酒,就是波士顿拉格。这款酒在美国许多地方都能喝到,在“江湖”上也地位颇高,很多人认为这是第一款流行起来的现代美国精酿啤酒。这家公司一直以来也以各种激进的营销手段而闻名,在20世纪末一连出了几款极其重口味的高酒精度啤酒,都是当时全世界最高度数的啤酒,赚足了眼球。其中一款限量版的Utopias, 一直在美国ebay上被人炒作,十几年来身价已经翻了百倍。波士顿啤酒公司现在也是全美最大的精酿啤酒厂。

其他美式啤酒

你可以想象美国人绝不会就止步于发展美式艾尔和美式拉格，这场精酿啤酒运动的发起就是追求更多的味觉体验和享受，美国的酿酒师们经过短短几年发展后，就开始把风格延伸到世界各地的各种传统啤酒，他们借其所长，并发展出自己的鲜明风格，形成了自己的特色。

先说很多中国人最喜欢喝的小麦啤，就像前面的德国篇和比利时篇介绍过的那样，如果说德式小麦啤最大的特色来自于它那带来蕉香和丁香的特种酵母，比利时小麦啤最大的特色是那种香料和辛料带来的奇妙搭配，那美式小麦啤（American Wheat）就是对传统小麦啤最粗暴和直接的解读。你可以想象，从一穷二白起家的美国小厂，是没有多少金钱和经验去引进、保持和维护使用纯种德国酵母的，他们直接从美国最常见的酵母开始做。相比之下，这些酵母的特色非常不鲜明了，没有那么复杂和奇异的香味；各种不熟悉的香料和辛料当然也就先放下了。没了这些，那还有什么？当然就是多突出小麦味，当然就是更多地强调啤酒花了。所以这些美式小麦啤常比欧洲小麦啤多一点点的啤酒花味和苦味，能闻到一点美式啤酒花的橙香，酵母发酵味几乎没有。这可以算是美式淡啤的小麦版。

和在中国一样，小麦啤特有的爽口感和清香味让它在美国也成了非常受欢迎的一个种类。美国的啤酒巨无霸公司之一米勒库而斯（Miller Coors），是一家以生产工业水啤为主的公司，也迎合精酿啤酒的潮流，推出了一款比利时风格的小麦啤，起名Blue moon。酒本身其实酿得没什么大问题，但在美国国内却受到了精酿啤酒圈和很多啤酒爱好者的联合抵制，原因很简单，就是本书一开始我介绍精酿啤酒这个概念的时候所说的，这种工业大厂的行为，哪怕酒做得再好，也是对精酿啤酒文化的破坏，所以一些美国人把大酒厂的这种酒，叫作“像精酿”(Crafty)的啤酒，以示区别。

美国人“模仿”过英式淡啤后，自然而然地，又开始“模仿”英式棕啤了，并且把它变成了自己的版本，慢慢地形成了美式棕啤(American Brown Ale)。英式啤酒那样的精致、平衡、柔和，当然不是美国人想要的，一切都必须个性鲜明起来。英式棕啤里的烘焙味并不明显，但在美式版本里成了酒体的重要支柱，深度烘焙带来的坚果味、咖啡味，包括巧克力味，都能在酒中找到踪迹。还有啤酒花，美国人当然不会忘了它，比英式棕啤更加明显的酒花味和酒花香也是美式棕啤的重要特点，并使其成为一种全新的啤酒风格。

同样的故事也发生在了源自英伦的世涛和波特啤酒上。美国精酿啤酒里，除了美式淡啤和IPA外，可能就是世涛和波特这样的“黑”啤最为流行了，究其原因可能有几点：一是美英本来就同源同种，英伦当年最流行的啤酒，当然在美国就占了先手；二是前面谈到健力士的时候就介绍过，这是世界上最好的“工业啤酒”，在美国哪里都能喝到，特别是爱尔兰文化在美国的强势，让健力士成了很多美国人在以前精酿啤酒不多的时候喝过的唯一“好”酒；三是“黑”啤在视觉上和本身的麦芽构成上，就为在其中融入更多的味道打好了基础，这就符合了很多美式精酿啤酒的要求。

所以，美式波特(American Porter)和美式世涛(American Stout)就是美国人发展出的更复杂的波特和世涛啤酒。特别是后者，它绝不会像英伦世涛一样，只有4%多一点的度数，5%~6%起步，常常高于10%(高度数的自然就被称为美式帝国世涛American Imperial Stout)，啤酒花的苦味值明显提高，常常还干投啤酒花，这样的酒，也被称作黑色IPA(Black IPA)。

南瓜是西方万圣节的主角，美国人当然不会放过在这上面大做文章的机会，于是他们特有的南瓜啤酒(pumpkin ale)应运而生，全美每到这个季节，不管你走到哪，有酒卖的地方基本都能看到南瓜啤酒，大多数的酒厂都会出一款应季南瓜啤酒。顾名思义，南瓜啤酒就是把南瓜作为辅料酿制而成的啤酒。这种酒一般口味不会太重，有明显的南瓜味，甜味和焦香味常占主导，是美国人万圣节大趴体(party)的必备佳酿。每年各地还常常举办专门的南瓜啤酒节，提供各式各样的南瓜啤酒。中国北京、上海等地的精酿啤酒吧，现在也会在万圣节前酿好各有特色的南瓜啤酒。每年的万圣节我们会把鲜酿的南瓜啤酒全部装进很多大南瓜里泡上几天，然后给每个南瓜装上酒头，直接把酒从南瓜里打出来，引起酒腻子们的狂欢，那也是我们自己很期待的一天。

美国也有完全自己土生土长的啤酒风格，比如蒸气啤酒(Steam Beer)，也叫美国加州“街酒”(California common)，这其实又是一种完全因环境而形成的一种特殊的啤酒风格。在美国的西部大开发时期，当时的美国西部已经是一个有人的地方就有酿酒厂的地方了，人人都会没事就来上两杯啤酒，啤酒是一种必不可少的生活消耗品，但是在那个还没有任何制冷技术的年代，在美国加利福尼亚州这种高温炎热之地酿啤酒是一个巨大的挑战，特别是因为德国移民的影响，最先传入当地的是拉格型酵母，对温度的要求相对较高，给当时的酿酒者们带来了很大的麻烦。

酿酒师们因地制宜，想出了一个最简单直接的解决办法，就是把原麦汁放进一个又大又浅的池子里发酵，使麦汁最大限度地接触空气以利于散热。史料记载当时有的发酵池只有十几厘米深，不过在当地就算是这样的发酵也会非常迅速和剧烈。为了避免在这样的环境下夜长梦多，一般在啤酒发酵还没有完成的时候就会被装入啤酒桶，运向各个酒吧。前面讲过，啤酒发酵的时候会产生大量的二氧化碳气体，因此这些啤酒桶也做得非常结实和耐高压。而在开桶出这些啤酒的时候，桶内压力减小，大量的气体会带着酒沫喷出。蒸气啤酒，这个高温发酵的拉格型啤酒，就是这样而得名的。

这种拉格啤酒因为高温发酵的关系，自然而然地会带有一些艾尔型啤酒特有的果味，但苦味非常简单直接和清爽，口感不重，比较清脆，杀口感很强，又很像一款传统的拉格啤酒。

美国精酿啤酒运动兴起之后，很多酿酒者都想更进一步发扬光大这种真正的美国独有的啤酒，很多家酿啤酒爱好者和小型酒厂都曾尝试酿制这种啤酒，它在美国也成了一种专门的啤酒风格，不过现在能打这个“Steam Beer”招牌的，只有最开始就生产此种酒的Anchor Brewing一家，它也是当时加利福尼亚州众多做这种啤酒的厂子中唯一生存至今的了。

美式极限啤酒

当把世界上所有其他传统风格的啤酒都做了个遍并且加以本土化改良以后，美国人当然就开始进一步地创造，进一步地把啤酒的方方面面，一步步地夸张化、复杂化，把各种概念不断地模糊和推广，把一切推向一个又一个极限！一杯好的精酿啤酒，就是一个创造，一个艺术，一个牛×酿酒师个人意志的体现和生活经验的总结。说到人才和创造，美国是从来不缺的，这是一个尊重传统却又勇于创造的国度。

首先在啤酒酿造工艺上，美国人就进行了各种各样的创新，就像前面讲到的，美国的精酿啤酒运动很大程度上是被家庭酿酒爱好者推动起来的，很多家庭自酿啤酒爱好者，把各种从传统上闻所未闻的酿酒方式广泛地推广和应用到了小型甚至大型酿酒厂中。

比如现在非常流行的啤酒木桶陈酿法，就在美国发展到了极致。本来欧洲大陆的传统啤酒大多都是用橡木桶陈酿的，但随着现代工业的发展，越来越多的啤酒厂自然而然地都用上了不锈钢扎啤桶来装酒。但其实橡木桶更能给啤酒带来一些非常特别和有意思的味道，于是，善于复古与创新的美国人越来越多地重新开始采用各种木桶陈酿工艺，几乎你能想到的所有木桶，都被美国人拿来尝试，各种红酒桶、威士忌桶、金酒桶……

各种木制的桶，都被家酿啤酒爱好者和小型酒厂试了个遍，包括它们的各种组合，先在这个桶放两周，再在另一个桶放一月，很多啤酒因此被赋予了全新的口感，层次上也丰富了许多。特别是一些重口味的啤酒，现在你不找个木桶陈上一段时间都快不好意思和人打招呼了。美国很多地方还有专门的木桶陈酿啤酒节，如果有机会遇上千万不要错过。

这些木桶陈酿啤酒里做的最大、最有名的，可能就是肯塔基波本木桶陈酿艾尔酒了。波本威士忌酒是当地特产，其最大的特点之一就是得用新鲜木桶陈酿，并且木桶只能使用一次，以至于当地有大量的二手波本威士忌桶出售，所以，有一款以这种木桶陈酿而出名的啤酒，也就毫不意外了。这款酒入口相当顺滑，带有淡淡的威士忌味、香草味，橡木味也非常明显，酒体平衡非常出色，结尾一点淡淡的酒精热，提醒着你它8.19%的酒精度。这款酒现在在很多大城市都能看到，是你品尝木桶陈酿酒的入门款。

美国最大的精酿啤酒公司波士顿啤酒厂，当然也是木桶陈酿啤酒的个中高手。前面讲过，他们从20世纪末开始就在做一系列的重口味烈性啤酒乌托邦(Utopia)系列，其中的木桶陈酿越来越夸张，每年都有不同的限量版推出，都在不同的橡木桶中陈酿。最近推出的一款，之前就已经在四种不同的木桶中陈酿了十多年之久，非常难得，酒精度通过天然发酵也直接飙到了27%以上，在美国ebay上也被炒到了很高的价钱。

如果说木桶陈酿还只是对啤酒发酵结束后的后处理的话，那其实在对啤酒从原材料的制备到酿造工艺中各个环节的创新，都把美国啤酒带到了其他啤酒没有到过的位置。

比如麦芽，我们讲过，啤酒生产中可能会用到数十种麦芽，每一种都可以带来不同的色、香、味，然后产生不同的组合搭配，而美国的精酿啤酒厂越来越多，就带来了越来越多的“精酿”麦芽厂小批量生产各式各样的特色麦芽，比如我们介绍过的烟熏啤酒里的麦芽，就是用当地橡木烟熏过的。那么在美国，各式各样的木头也被利用起来，来熏制不同的麦芽，比如樱花木、桃木……各式各样，风味各异。

而美国啤酒的主角啤酒花，那就更不用说了。从种类上讲，美国的啤酒花公司一直在不停地研发新品种，这么多年来就一直没有断过，各种风味的啤酒花被开发了出来，很多品种现已成为当代精酿啤酒的主力。

这些啤酒花里有个趣闻。西楚(Citra)啤酒花是现在精酿啤酒圈非常流行的一款酒花，它的发现者是一位美籍华人丁博士，他在米勒啤酒公司工作的时候，发现并推广了这款酒花。它浓烈的橙香迅速吸引了很多酿酒师的注意并流行起来。丁博士的祖籍是湖南，在战国时期是楚国的西部，所以将其命名为了西楚，美国人哪懂这些，直接音译成了Citra，这也算华人对精酿啤酒做出的贡献之一了。

具体到啤酒花在酿酒中的应用，更是五花八门，可以说在整个啤酒的酿造过程中的各个阶段，啤酒花都常扮演着重要的角色。很多啤酒花的使用方法，对于一些传统的啤酒酿造师来说，简直就是不可思议，比如传统上啤酒花都是需要干燥后使用的，而美国人又推广出不干燥就直接使用的添加法，叫作"湿啤酒花法"(wet hopping)，甚至举办了许多啤酒节来专门展销这种啤酒。美国另一家追求特色和极限的啤酒厂角头鲨(Dogfish Head)，就是个使用啤酒花的个中高手。它家的60min、90min、120min系列是美国非常有名的重口味IPA啤酒，在其整个酿造过程中啤酒师不停地加入啤酒花，他们还为此申请了一个专利，就叫连续啤酒花添加法。可以说，人能想到的所有的啤酒花使用方法，都被美国人试了个干净，然后再不断地创造出新的花样。

说到发酵微生物，那就更是推陈出新、花样无穷无尽了。据史料记载，在美国精酿啤酒运动的初期，绝大多数小酒厂还担心如果使用多种酵母可能会带来的交叉影响的问题，但随着技术的进步，这些都已不再是问题，酵母一旦充分使用，那无数的可能性就产生了。前面提到过，啤酒酵母极大地影响着啤酒的色、香、味各个方面，不同的酵母就能造就完全不同的啤酒，而美国专业酵母公司不仅把各种世界上传统啤酒使用的酵母带回本国，还在实验室里进行各种不同的选择性培育，给了美国的酿酒师和爱好者眼花缭乱的选择。前面讲兰比克啤酒的时候说过，就连这种利用最神秘微生物的啤酒，也早已被美国人玩了个透，做出了新花样。

原料上的极大丰富，酿造工艺上的各种创新，直接造成了美国啤酒现在的多样性，美国啤酒也像美国其他很多东西一样，在"更高、更大”的道路上越走越远。在各种酿酒的奇技淫巧上，美国人不断地重新定义着“极限”的边界。美国现在已有了超过3 000家啤酒厂，同时还有上千家啤酒厂正在规划中，谁也不知道美国的啤酒热还会持续到什么时候，但可以肯定的是，那里一定还会诞生出更多种多样的啤酒，美国人一定会率先把啤酒做回它的本来面目——世界上最多样、最复杂的饮料！

▲
每年美国俄罗斯河啤酒厂发布一些非常规酒，特别是他们的三料 IPA——Pliny the Younger 的时候，都会引来粉丝排队抢购

▲

布鲁塞尔的“现代兰比克”酒吧：传统的比利时啤酒吧不会有这么多整齐的酒头的，美国的影响，连啤酒一霸比利时也无法“幸免”

▲

阿姆斯特丹精酿啤酒吧的扎啤酒单：你熟读本书后，再来看这份酒单，就会发现精酿啤酒文化对当代啤酒各种影响之深

▲

阿姆斯特丹的美式啤酒吧：几十个扎啤酒头，大多来自美国的极品精酿啤酒，美国精酿啤酒已经席卷全球

▲

有一些啤酒，特别是一些酸啤，是不充气，所以也没有泡沫的，特别是这种加入水果多次发酵的啤酒，这就像啤酒和葡萄酒的融合，这类酒回口非常干，但有水果的甜味

▲

Pliny the Elder，俄罗斯河啤酒厂的成名作之一，开创了美国超重口味 IPA 的新时代

▲

美国 New Belgium 是著名的酸性啤酒生产商，他们分析并使用常见于比利时产酸啤的各式野生酵母和细菌，创出了自己风格的产品

2.5 新世界的精酿啤酒

世界上绝大多数现存的啤酒风格，都来自前面所提到的4个国家，前面的介绍也基本涵盖了精酿啤酒世界里常见的啤酒种类，但是可以预见的是，这个精酿啤酒世界将会更加丰富。

因为前面介绍的都只是传统的啤酒国家，美国在其中算是最新的一个，但是就算只从20世纪80年代精酿啤酒开始大发展算起，也已有30年的时间了。前面也提过了，其实在最近十几年，尤其最近这几年，在美国的影响和带动下，世界上产生了很多新兴的啤酒"强国"和啤酒热点区域，但是在一些有强势本土文化的地方，比如法国、日本，总还是能遇到点或多或少的抵抗。但是现代精酿啤酒，这个美国人带来的飓风，所到之处所向无敌，这一部分我们就来看看美国人做的"好事"——这些新兴的啤酒国家。

日本

日本军国主义对世界犯下过滔天罪行，但我们也不得不承认，现在的日本在很多地方是非常先进的，虽说过去十多年一直“经济不振”，但对于这个已经处于“后现代”的国家来讲，也是在一个非常高的层面上经济表现“不佳”，整个日本国民的整体素质和平均生活品质，仍然处在世界上一个非常高的地位上。所谓温饱就要乱想，就要在精神生活领域干出牛×的事以惊天动地，日本人也就在很多欧美发达国家才擅长的事情上，找到了自己的一席之地。

想到几个有意思且比较极端的例子，世界吃热狗大赛最有名的人是日本人；世界空气吉他大赛冠军（冰岛人发明的，在舞台上空手表演，假装在弹吉他）是日本人；世界翼装飞行最长时间和最快速度纪录保持者是日本人；第一个滑雪下珠峰的人是日本人；等等；这样的例子，不胜枚举。日本有深厚的手艺人的传统，社会喜欢和尊重手艺人，尊重追求自己梦想的人，这里有一种较劲较真的精神，有做一件事，不管是什么事，就要把它做好、做到极致的社会传统和土壤。

扯远了，所以在日本这样的国家，把饮食这样入口的东西做到极致，就是再正常不过的事情了。很多人现在对日本料理比较了解，网上也有很多视频和文章，可以看到日本人对食材的讲究，对工序的细致和严苛，很多时候甚至到了变态的地步。一个日本料理人花上一辈子去追求食物的极致被认为是很正常的事情，所以在酒上面，当然也是出类拔萃的好得变态！

日本的酒文化当然也是和历史及地理紧密相连的。作为一个传统的水稻种植国家，日本的传统酒类毫无意外的是以米为原料的清酒和烧酒，清酒的生产不需要创新，只需要严格的质量控制，和对流传下来的规矩一丝不苟地执行。很多人知道，日本的威士忌也相当地厉害，东亚国家本来就有喝高度酒的传统，以日本农民的种植水平，酿酒师的钻研和工匠精神，想不酿出好酒也是很难的。日本的清酒也是我本人除了啤酒外另一类喜欢的酒，那种纯粹到令人发指的简单和直接，沁人心脾，每一个酿酒师都知道要做出这么干净的酒，需要多么深厚的工匠精神。同样不出所料的，连威士忌这种需要大量时间陈酿才能出品的西方的舶来品，日本也已经在世界上拥有了非常高的声誉，很多权威机构组织的盲品中，日本的威士忌都能得到比苏格兰传统酒更高的评分。

日本人对啤酒也一样。很多人都听说过日本的四大啤酒品牌，Asahi、Kirin、Sapporo和 Suntory。国内的很多超市、商场以及日式餐厅、酒吧都能买到，这几个就是日本的百威、喜力，它们的故事和很多国家的“百威”是一样的。18世纪末和19世纪初，随着德国强势文化的传播和德式拉格啤酒的流行，历史上没有啤酒的日本，建立了德式啤酒厂。一百多年来，这些厂和广大的工业啤酒生产商一样，大批量地生产着饮之无味的工业拉格啤酒。随着日本社会的老龄化和经济的低迷，这些大厂也开始举步维艰并想绝地反击。比如绝望的三得利（Sapporo）酒厂，就推出了超冰啤酒，这种啤酒卖的时候竟然直接冰到-1℃，已接近啤酒的冰点；还推出所谓的啤酒“鸡尾酒”，在同一种没什么味道的啤酒里加入食用色素和果精。但这些手段都脱离了啤酒本身，最多带来回光返照而已，真正会对他们造成威胁的，就是近年兴起的现代精酿啤酒运动。

日本精酿啤酒的起步很晚。早年日本法律规定，年产200万升以上规模的酿酒厂，才能申请执照，这让很多小型啤酒厂根本无从起步，所以可以想象，早年的日本和30年前的美国、现在的中国是一模一样的。不过日本是个法制的理性国家，当本国人开始意识到现代精酿啤酒的时候，这样的法律被迅速纠正。1994年，日本将啤酒厂合法化的产量限制降到了年产6万升（基本和家酿作坊产量差不多）。这也迅速激发了日本人对精酿啤酒的热情，以日本众多中小型其他酒厂的基础，日本的现代精酿啤酒运动开始了飞速发展。

和美国那种由粗糙的家酿啤酒爱好者发起的精酿啤酒运动不同，日本第一批的精酿啤酒生产商，都是“专业人员”出身。因于日本有历史悠久的米酒传统，对于那些米酒生产商来说，发酵、陈酿、包装，都是他们早就熟练掌握的技术，他们只需要再理解一下麦芽、啤酒花，就能生产出一流的啤酒。而且米酒生产商更加强调工匠精神和原材料的严格把控，这些让起点较高的日本第一代精酿啤酒生产商，迅速地在工艺上做到了世界顶级水平。

日本同时也是个坚持传统的国家，更以本土文化和产品为自豪，所以不同于美国，他们从一起步就开始寻找精酿啤酒的本国特色。很多日本酒厂，从一开始就想方设法把日本特有的原材料和口味融合到精酿啤酒当中去，比如日本的生姜、生蚝等。

这里面最有名的当属Kiuchi啤酒厂的猫头鹰系列啤酒了。Kiuchi酒厂是个家族企业，过去一直生产米酒，1994年微型酿酒解禁后，开始生产啤酒。它的猫头鹰系列中两款最有名的啤酒，白色艾尔(White Ale)以及红米酒(Red Rice Ale)，早已斩获多个国际大奖。前者的酿造中加入了本地的橙汁和橙皮；后者更加特别，发酵中不仅使用了经典的啤酒酵母，还加入本地特有的米酒酵母，这种酵母会在发酵的时候产生红色和著名的日本米酒味，把这款酒变得极为漂亮，口感独特而复杂。这样的酒，加入了酿酒师的奇思妙想，经过了精雕细琢，从包装到成品都个性突出，还充满了本地特色，这是想不红都难的。拿奖拿到手软后，这几款精酿啤酒已经成功地打入美国的精酿啤酒市场。笔者还曾在波士顿一个精制餐厅所谓Fine dining的地方，看到过这几款酒，和那些几百上千美元一瓶的葡萄酒放在同一张Wine list里，这让你不得不佩服日本人，给他们点个赞。

很多人说2012年是日本的精酿啤酒元年，因为在那一年，以东京大阪为代表的地方，爆炸式地出现了很多精酿啤酒吧、啤酒厂。现在，全日本已经有近300家精酿啤酒厂，生产着世界一流水平的，风格各异但又充满本土情调的啤酒。日本的精酿啤酒节、精酿啤酒比赛，也已到了亚洲最高的水平。有去日本的朋友，建议尝试一下日本精酿啤酒。

意大利

读到这里,你应该也可以猜到意大利的精酿啤酒历史会是什么样了:如果在二三十年前,你去意大利,想喝到一杯上好的啤酒,那是绝对不可能的,你只会找到大量的、性价比极高的葡萄酒。意大利是传统的红酒国家,更是一个为了美酒和美食而疯狂的国家。意大利人对吃的重视,对劝说他人也“好吃好喝”的热情,以很多国家的标准来看,简直到了变态的地步。其多元化、高质量的食材,考究的烹饪技艺,达到了登峰造极的水平。更牛×的是,意大利的极品美食不是你需要去刻意寻找的东西,不是只有有钱的人才能享用的东西,而是遍布这个国家,特别是乡下田间,常常有世界级的美食,这都得益于当地对本地文化和手工作坊的认同和保护,以及对新鲜食材的追求。

这样的国度,当然向全世界所有的地方输出了大量的食材、烹饪技艺,还有饮食文化,其中影响最广的,当然是慢食运动(Slow Food Movement)。慢食运动不是说让你慢慢吃,而是对现在“快餐”文化的一种抗拒,它强调保护传统,保护本地特色饮食,鼓励通过本地特色来种植和养殖,与环境和谐相融。这是一个反全球化对饮食的破坏的运动,本地精细生产的食材,当然值得你停下来,慢慢品味。

在这样的国度里,你可以想象,精酿啤酒想不火是很难的,它需要的只是一个引爆点。

这个引爆点,和所有国家一样,就是政府管控的调整。1995年,意大利通过新的法律，首先解禁家庭自酿啤酒，接着简化了啤酒吧和啤酒厂的申办和运营手续，而这个法律的时间点和慢食运动的推广又不谋而合，又或者本来就是相互推广的。

而在过去几十年，意大利人对酒的需求越来越多，但对酒精的需求越来越少了，大家都想喝到好喝的、有风味的东西，但不想两杯就醉，而意大利更是个永远创造时尚和追求时尚的国家，本地产的充满风味的精酿啤酒，想不大卖都难。

从1995年至今，意大利已经从无到有，产生了好几百家精酿啤酒厂。

和日本一样，已经掌握了红酒发酵技术上千年的意大利人，只需要再熟悉一下麦芽汁的生产，就可以生产出高质量的啤酒，这大大地简化了他们的学习过程，而他们对艺术、对美好事物的追求，让他们在精酿啤酒的生产和推广上如鱼得水，因为精酿啤酒是科学更是艺术，需要创造力、想象力以及对美的感知，这些，都是意大利人最得意和最丰富的精神财富。

所以意大利的精酿啤酒，从一开始，就是高大上的本地特色，从啤酒的命名，到整个产品的外包装，都极具美感，很多酒，仅从外观上看，就是一件完美的艺术品。至于啤酒本身，意大利的酿酒师一开始就借鉴传统的啤酒风格，然后大量地融入本地原料和本地特色，美食大国意大利是不会缺各种高质量的香料的，更绝的是，很多酿酒师把葡萄酒的酿造工艺和原料，也完美地运用到啤酒酿造中。比如葡萄汁、红酒酵母和葡萄酒桶被大量地运用到啤酒原料和工艺流程中。所有的这一切，使得意大利精酿啤酒从诞生起就充满了高大上的×格，充满了自己多彩的个性，推荐发烧友们多多尝试。

北欧

很多人说，几个北欧国家就是地球村这个游戏里的Bug，因为和世界上其他国家相比，哪怕是在发达国家里，这里的生活也更像另一个世界，经济高度发达，贫富差距极小，人民高度自由和解放，生活舒适安逸高度稳定，物质文明和精神文明高度双丰收。

这些地方的人，不会因为糊口而去工作，工作是一份热情，是一份人生价值的追求，而在这样一个人际关系极其简单的社会里，追求成功的个人成本和社会成本被最大限度地降低，所以在这个地球上那些怎么新潮怎么来的领域里，你总能在最上游看到北欧人的身影，他们用最绿色的方式，赚取了这个世界最大的“剩余价值”：绿色能源、太空未来科技、可持续发展，到职业极限运动和文化艺术领域。维京人的后代们，仍然在世界各地游荡，但他们不再通过武力，而是通过占据各种新潮产业的上游，影响和改变着全世界。

这些产业当然就包括了当今世界餐饮界的新潮宠儿——精酿啤酒。

如果说美国的精酿啤酒之都是丹佛的话，那对于很多精酿啤酒爱好者来说，欧洲的精酿啤酒之都，不是伦敦，更不是慕尼黑，而是丹麦首都哥本哈根。很多人都讨论过，为什么这股美国人发起的精酿啤酒运动对北欧的影响最大？最可能的原因就是北欧人极度热爱满世界转悠和冒险。毕竟是维京人的后代，他们一来最早接触精酿啤酒，二来这种冒险能给他们的精酿创新带来无穷的灵感泉。比如丹麦，在过去不到20年的时间里，精酿啤酒厂从无到有，现在已超过150家。这是一个什么样的数字呢？美国精酿啤酒运动如此如火如荼，现在是每17万人有一家酒厂，而在丹麦，平均每5万人就有一家酒厂！这要是换到我们北京，就是全市得有400家以上的啤酒厂生产几千种啤酒！！你想想，等北京到了那一天，世界该是多么美妙啊，光北京工人体育场就得有东西南北门四个酒厂。

另外，北欧还是全世界物价最昂贵的地区之一，酒类的价格更是贵得离谱，这就在经济上“迫使”一些人，不得不开始家酿啤酒，而家酿啤酒文化，就是精酿啤酒最大的推动力。

谈到北欧的精酿啤酒，不得不首先介绍的，就是来自丹麦的Mikkle和Jeppe一对孪生兄弟。前者目前是丹麦精酿啤酒圈超级大拿的人物，拥有现在在全世界精酿啤酒圈都极为有名的Mikkller精酿啤酒品牌，他和几乎所有的第一代精酿啤酒创业者一样，也是半路出家，以前是当地高中的物理和化学老师。他走了一条极少数人才会走的路，就是他自己不办啤酒厂，而是做一个“吉卜赛酿酒师”：他只去世界各地找不同的酒厂合作，借用别人的设备酿酒！用他的话说，就是“我不喜欢酿酒本身，我只喜欢设计配方创造东西”。

Mikkller现在出品着世界一些最新奇、最有创意、最大胆的啤酒，老板本身也是个美食家和艺术家。这也是北欧地区广大人民的优势，随便拉一个人出来，相对来说，都有很广的见识和很高的美学修养。

他的酒吧和酒，从内而外都是艺术品，他的原话是："我讨厌丑陋的东西，一个酒吧，不管酒怎么样，要是设计得不好看，我是绝对不会进去的。我也永远不会把我的酒，装入一个不好看的酒瓶里。"在2013年短短一年的时间里，他的Mikkller 生产了整整120款风格各异的啤酒，覆盖了众多啤酒种类，包含着无数新奇的奇思妙想。想想，光这些酒的配方和酒标设计，都是多么大的一个工程！

Mikkle除了做酒外，他和他的孪生兄弟的故事，更是让他俩常常成为各个媒体报道的主角，帮他们的啤酒做了不少免费宣传。他这个叫Jeppe的兄弟，本来也是在哥本哈根专卖精酿啤酒的，开了一个很有名的进口精酿啤酒酒吧，后来却和哥哥吵翻，一气之下搬去了美国纽约，从此互相连电话都不打一个。和他哥哥一样的是，他去了美国后，也做了个"吉卜赛酿酒师"，游走各地的酒厂，用别人的设备和执照生产精酿啤酒，名字也取得很有意思——恶魔双胞胎Evil Twin。现在，这也是美国的知名精酿啤酒品牌了。不过，他的酒和他哥的有明显的区别，Mikkle 讲究食材选择的广泛性和原料间相对重口味的搭配，而Jeppe更注重啤酒微妙的美感。Jeppe在纽约还有个啤酒吧，在那里他和搭档一起，设计和制造了世界上最先进的扎啤系统，用他的话说，最好的酒，就要配最好的打酒器。

这两兄弟不仅影响着啤酒界，还涉足了美食界、艺术界。哥本哈根最有名的餐厅之一NOMA是当今世界餐饮界的一个传奇，从2010年到2014年5年间，它4次获得年度世界最佳餐厅的称号，真正×炸天的感觉！要知道，年度世界最佳餐厅评委团可是由美食记者、美食达人、高档餐厅业主组成的，其专业性、苛刻性非一般评比可比。那里是新式北欧菜的前锋阵地，很多人周末专程飞去哥本哈根就为了去那里吃顿饭，一顿得提前数月预定的饭。这样的餐厅，仍然跑去邀请Mikkle，让他为店里的各色菜肴，有针对性地设计与之对应的啤酒。

除了传奇的Millke兄弟，北欧现在还涌现了一大批精酿啤酒厂和品牌，还有和这些啤酒一样有名和生猛的当地狂热的精酿啤酒粉丝们。在笔者成文时，世界上最大的啤酒打分网站ratebeer.com上，打分最多的四个用户，都已喝了超过两万种啤酒，而这四个人，竟然全部来自北欧！笔者曾在北京牛啤堂遇到过一位客人，一边喝酒，一边在厚厚的一个笔记本里使劲写字。一聊，原来就是ratebeer的管理员之一，丹麦人，每喝一款酒，都要用掉一张A4纸来详细记录下品酒体验，在过去一二十年他已记录了两万多种啤酒的体验！！

这帮游走世界的啤酒粉丝们，常常成群结队地找来各种稀奇古怪的啤酒，聚众品评，然后在网上认认真真地记录下品酒心得，所以那里的精酿啤酒厂雨后春笋一样地层出不穷，也一点不惊讶了，因为只要你有目的地喝过并学习过足够多的酒，DIY个酒厂出来，就太不是事儿了。

了解的精酿啤酒大师越多，你就越会发现，精酿啤酒界真正的大师，同时都是美食大师和酒类大师，都是游走世界、见多识广之人。这其实一点也不奇怪，啤酒再也不是简单直接的工业品，而是一种由里而外的创新、再创新，是一种见识和对美的认知。这也是北欧人的成功之道。

精酿啤酒在中国

中国啤酒的现状，如果从全国范围来看，那和30年前的美国有很多相似的地方，市面上表面看来有一些品牌，但其实死气沉沉。各种无聊的工业啤酒几乎占领了全部市场，普通大众消费者对啤酒缺乏基本的认知，导致各种冒牌或不值得花大价钱的“进口”啤酒卖出各种高价，这简直就是个啤酒沙漠。

不过和中国的其他各行各业一样，改变正在慢慢地到来，一场由平民发起的纯草根运动，正在中国激起一个风暴！

前面提过，和美国、日本等地不一样的是，中国还一直没有一个政策上的引爆点，目前的中国，理论上讲是禁止建设一个生产瓶装啤酒的中小型啤酒厂的，啤酒质量管控的相关规定也完全没有考虑精酿啤酒的多样性，啤酒行业的从业人员很多来自传统工业啤酒背景。所以，这场精酿啤酒运动最开始的发起和带动者，主要还是美国人和一些有海外生活经历的中国酒鬼们。

我所知道的，也是被很多人认同的，中国的第一个精酿啤酒厂，就是成立于2008年的南京欧菲啤酒（后改名南京高大师啤酒），其创始人兼酿酒师高岩，江湖人称高大师，是我所知道的第一个在大陆普及精酿啤酒理念的人。曾游学美国的他推广精酿啤酒的方式也带有浓重的美国特色，就是以家酿啤酒为先导。他在2011年5月出版的《喝自己酿的啤酒》一书，是中国众多家酿啤酒爱好者的入门启蒙书。

在2015年前一两年时间内，第一批精酿啤酒先锋不懈推广，为数不少的以精酿啤酒为主题的啤酒酒吧、啤酒餐厅、啤酒作坊在大城市全面开张；网络开始出现的一批个人和组织，通过做网站、做活动，特别是微信公众号的形式推广一些与啤酒相关的知识和文化。在这种背景下，精酿啤酒虽然仍然还是个小众事物，但在很多地方或是平台上已经成了热门话题，已培养了不少追随者。

但新接触精酿啤酒的爱好者，很难想象仅仅三五年前，中国的精酿啤酒领域有多么的荒芜，南京高大师啤酒虽然在2008年就已成立，但毕竟是在南京这个相对内陆的二线城市，哪怕在当地，其影响力都相对有限。我是2007年在欧洲接触到精酿啤酒和家酿啤酒的，直到2010年、2011年的时候，国内网上网下有关精酿啤酒的信息还都几乎无迹可寻，在国内要找到靠谱的好酒也是一个巨大的工程，很难碰到同好之人，家酿啤酒难度之大别提了。直到2011年，我所有的家酿啤酒设备、原材料，都只能通过网络海外代购。

直到2011年初，北京和上海终于慢慢出现了一些精酿啤酒吧，但那时，我搜遍整个网络也几乎找不到中文精酿啤酒资料。当时还是个纯发烧友的我，就开始了网上博客聊啤酒，起初读者很少，但后来越来越多且很多都成了好友或知己，包括本书的编辑王学莉女士。从那时起她就鼓励我写书，直到2015年的现在。

前面提到过，2012年年初，我和当时为数不多的几位中国啤酒发烧友们一起，成立了北京自酿啤酒协会，大家一起向更多的人推广精酿啤酒文化。时至今日，在现任会长李威的带领下，该协会已经是全国规模最大、最有影响力和人数最多的精酿啤酒和家酿啤酒组织。从协会里走出了众多家酿啤酒爱好者，他们转身成为商业酿酒师或酒吧老板，几乎占据了北京精酿啤酒版图的大半壁江山。在这一点上，中国和美国是何其相似。

北京的城市气质决定了在这里的酒吧区虽然外国文化也很强势，但不管是外国人还是中国人，都会或多或少地追求本土元素；北京巨大的城市体积以及酒吧区的广泛分布，也让创业成本相对较低，这让精酿啤酒得以在这里更快地向中国人进行渗透。目前，北京已然成为中国精酿啤酒文化最为发达的城市，甚至不逊于很多发达国家的大城市，除了遍布北京大大小小的精酿啤酒餐厅和酒吧，以及众多的本土精酿啤酒品牌，还有一个越来越庞大的爱好者群体。可以说，北京必将成为第一个中国精酿啤酒运动在民间完全引爆的地方。

上海当然也不遑多让，这个城市在引进洋货上一直走在中国的最前面。就在北京精酿啤酒运动蠢蠢欲动的时候，其实上海已经有了一批高质量的精酿啤酒屋：资本的力量加上直接从国外邀请的酿酒师、全进口的原材料，直接造就了世界水平的啤酒。目前最有名的几家，比如拳击猫啤酒屋、The Brew啤酒屋、上海Brewery等，都是这个路数，他们的啤酒早就有了相当高的世界级水平。但上海的酒吧区里，外国文化相当强势，本地人也比较信赖外国产品，加上创业成本过高，所以那里精酿啤酒虽然起步很早，但主要的影响力还是集中在外国人和相关圈子里。但最近一两年，越来越多的本地中国人也开始了解和喜欢上了本土精酿啤酒，并在民间组织的上海精酿啤酒协会的带动下，不少人开始尝试小规模的商业酿造。相信以上海的条件，精酿啤酒很快会进入爆发的阶段。

除了北京、上海，现在其他一些城市的精酿啤酒运动也都在风起云涌之中，从哈尔滨到厦门，从成都到武汉、青岛、中山、深圳，甚至一些更小的城市和乡镇，各种精酿酒吧、自酿屋、精酿啤酒品牌都在酝酿和发酵中，黎明应该就在眼前。希望本书再版的时候(再次Hopefully!)，能将大陆的先行者们，大书特书。

国内的精酿啤酒发展虽然势头强劲，但仍然存在一些严重的障碍。比如比起美国人，国内有些玩家缺乏对精酿啤酒文化的理解，没有创新精神和独立意识，甚至像中国其他行业一样，以抄袭和劣质模仿为荣。这样的事情，不知道毁过中国多少行业。

另外，还是前面说过的，国内在法律层面上还没有精酿啤酒的概念和规范，因此在许多地区想建立一个小型精酿啤酒厂，几乎是一个无法实现的愿望，不完备的制度和不合理的规定极大地阻碍了新一代充满激情的年轻啤酒人进入这一行业，因此现在国内的绝大多数精酿啤酒玩家都是以自酿啤酒屋的形式灰色存在，甚至只能作坊生产大家内部品尝，因为国内至今还有法律明文规定小作坊自产自销的啤酒不能进入流通领域。

世界上，特别是美国，当年最早一批的精酿啤酒厂，几乎都是家庭作坊地下室起步的。比如Dogfish Head 酒厂，被全世界啤酒爱好者追星一样崇拜，明星产品需要像抢购iphone一样抢购，当年就是靠一个只能日产40升啤酒的系统发展起来的。2008年，两个苏格兰的20岁的小伙想把美国的精酿啤酒概念引入英国，于是租了个比车库大不了多少的地方，做起了迷你啤酒作坊，开始生产也许是当时英国第一款美式风格IPA啤酒，这个酒厂，就是现在产品畅销全球、在中国各大城市被啤酒爱好者追逐并愿意花高价购买的酿酒狗Brewdog啤酒厂。在当前的政策环境下，这样的故事几乎不可能发生在中国，啤酒不是火箭科学，也不像红酒，需要看天看地看水；也不是烈酒，需要时间和积累。所以希望有朝一日中国能出台针对和鼓励精酿啤酒的政策和规范，消费者也能慢慢地形成一个健康的啤酒消费文化观，再凭中国人现在对啤酒的热爱，赶英超美也许就只是时间问题了。

一起期待，喝酒愉快！

世界其他地方

不要以为精酿啤酒只是以上几个地方的事，它们只是一些典型，精酿啤酒已经是世界范围内的一个潮流，发达国家自不必说，哪怕在一些发展中国家，一些你觉得和啤酒，和精酿啤酒完全不搭界的地方，你都能找到不断冒出来的精酿啤酒吧和本土精酿品牌。从东南亚小国，到连酒文化都没有的印度，再到韩国，从阿拉斯加到巴西、智利，再到非洲，精酿啤酒都在不可避免地生根、发芽。这里面早期都能看到美国人的身影，但你会发现越来越多的本地人参与进来，把本地的文化和元素糅合进去，进而做出真正的本土特色的精酿啤酒。其实想想就毫不惊讶，啤酒就是我们的日常食品，谁不想喝到新鲜的、有特色的、有内容的东西呢？

对于一个啤酒爱好者来说，现在在世界各地的旅行，就变成了一件无比快乐的事情，因为不管走到哪里，你都能找到当地啤酒发烧友，结识到各种热情好客的当地酒鬼朋友，以及各式生产各种各样的当地个性啤酒的啤酒屋或是小啤酒厂。旅行的意义，不就是体验当地人文么？我真是想不到比精酿啤酒更好的窗口了。喜欢精酿啤酒的朋友们，特别是翻阅到本书的朋友们，真的恭喜你们，你们以后的旅行，比那些无聊的购物族，更无聊的景点摆V字照相族，×格高太多，也有意思太多了。

▲

意大利罗马 Baladin 啤酒吧的吧台，琳琅满目的各色意大利啤酒占据了一面墙，酒水各色各样，但有一点是共通的，那就是包装都极其精美，充满艺术感

▲

Mikkller 的啤酒：从包装，到命名，到酒本身，都变化多端，充满了设计师和酿酒师本人的各种奇思妙想和天马行空的创意，无愧为北欧啤酒的代表

夜幕中的 Kiuchi 啤酒厂，和日本的很多东西一样，长得如此干净，漂亮得令人发指

菊盛
木内酒造
HITACHINO
NEST BEER
P
菊盛

▲

Kiuchi 啤酒厂刚开始的规模很小，相当于国内的餐馆酿酒吧的大小，但现在已经成为美国高档餐厅的啤酒供应商

第3章

如何品啤酒

3.1 六步品啤酒

之前提过，我第一次看人品啤酒，是在爱尔兰一个小啤酒酒吧里。我是完全误打误撞进去的，注意到一个人怎样喝酒后当场就傻眼了：倒上一杯啤酒，竟然跟品红酒一样，在杯子里来回晃动，凑到鼻子边上摇，嗅个不停。我当时的第一反应就是傻掉了，这不是啤酒么？！

以前的我和大家是一样的，一说到品啤酒，反应就是：喝啤酒嘛，干吗讲究这么多，不要像个别喝红酒的人一样，搞得这么装好不好？是的，在很多时候，我们只需要一杯冰爽的啤酒，和朋友们把酒言欢，管那么多干吗呢？喝啤酒不就是图个豪爽吗？啤酒节上的保留项目，不都是比赛豪饮吗？

但是，读到这里，你应该已经意识到，啤酒是如此的丰富多彩，它的深度，它的广度，它的细腻度，不是任何一种人类已知的其他酒水、饮料可以相比的。它是如此复杂，所以如何品味它、把玩它，最大限度地从它身上得到快感，也就成了一门学问。如果你再了解到每一杯好酒背后的故事，酿酒大师们的努力，它的文化、历史，那么品味它，尊重它，也是对生活、对他人和对自己的尊重了。

很多爱喝葡萄酒的朋友一定会有这样的经历:你和好友或是恋人想来一顿完美的晚餐,你们来到一家装修考究、有品位的餐厅,穿着得体的服务员把你们领到位置上,餐桌上有精美考究的酒杯、讲究的摆设和干净的桌布。服务员递上酒单(Wine list)和菜单,你浏览了整个酒单,根据你对产区、年份、风格的偏好以及价格,选好了今晚想喝的酒,随后服务员拿酒过来,托在手里给你过目,在你确认后帮你打开酒瓶,倒上一点请你先品尝。你觉得没问题以后,才会给你和你的伙伴们都倒上。这麻烦吗?很多人不会觉得麻烦,因为似乎葡萄酒就该被这样认真对待,它是一个如此细腻的宝贝,这样才对得起你花的钱,这样才会让一个夜晚更加完美。

但如果是啤酒,你还会这样吗?以前你一定会说当然不会了,但是,书读到现在,你还会这样认为吗?葡萄酒需要这样的尊重,啤酒也是一样。现在越来越多的啤酒,魅力就是在于品味中而不是豪饮里。在一个美妙的夜晚,如果你学会了尊重它,一定会让你的夜晚更加难忘。

你也许会问,那需要像喝葡萄酒一样这么多过场吗?这不是需不需要,而是看你的个人喜好了。啤酒的个性就是自由,你想得到最大的享受,那规矩你来定!不过,在精酿啤酒的前沿阵地美国,很多大城市里所谓fine dining的高档餐厅里面,都有大量的精酿啤酒供应,它们酒精度足、层次丰富、口味复杂。在那里也经常做各种以啤酒为主题的餐饮活动,那时,啤酒可以享受到最好的待遇。是的,服务员会找来最得体的酒杯,让你像欣赏红酒一样欣赏啤酒,每一道菜都会推荐一款最适合搭配的啤酒。麻烦吗？装吗？当然不，你花这钱，不就是为了更好地享受美酒带给你的快感吗？

那么啤酒到底该怎么品呢？

既然是品酒，那就一定是以人为主体的，品酒这门“功课”，不管设计得多“科学”，多“客观”，最终的目的还是为了取悦自己，当然比赛除外。

既然是取悦自己，那就是说自己才是最重要的，很多人觉得“品酒”很难、有压力，觉得不懂不会品什么的，其实这些我认为都没有必要，因为首先人的感觉千差万别，对不同的香味物质、风味物质的感知度可能完全不一样，你感觉不到一种香味，并不意味着你不懂酒，只是因为你的这方面的感觉和别人不一样而已。你要找的，就是你能感觉到的，你喜欢的酒。

特别是对于品啤酒，一定要有一种包容的心态，因为你已经知道，啤酒的变化实在是太广了，你喝到一种完全没遇到过的口味时，先不要急着否定它，而要去试着了解它，了解它为什么会是这样。想想一杯甜到腻人的苏格兰烈啤，或是一杯苦如黄连的美式双料IPA，再或是一杯因混入细菌发酵而变酸的德式酸啤，它们的平衡感，它们的侧重点，它们的迷人之处，都完全不一样，带着开放的心态，慢慢地试着理解它们，也许你就找到更多自己喜欢的酒了。

很多时候一开始接受不了的东西，多试一下，没准就能很快找到它们的美感。我最爱举的例子就是红酒和咖啡：当年红酒刚开始进入中国的时候，绝大多数人都接受不了，所有的红酒非要加点可乐什么的混着喝，时至今日已经没人这么做了。咖啡刚流行起来的时候，所有人都是方糖和奶精一顿猛加，到现在并没多少年时间，大家都是按自己的个人偏好来喝了，各种精品单品咖啡更是很多大城市的流行趋势。

除了开放的心态，最重要的就是不要觉得品酒这件事是什么特别高深的东西，“品”东西本来就是人的本能，但是不同的人对不同的味道、香气会有不同的反应和阈值，只要不是啤酒比赛，你完全不用担心品不出“好坏”，完全不用担心自己的感觉为什么和“专家”不一样。你只需要知道，只要有了啤酒的基本知识，学会了品酒的步骤，那就只有你喜不喜欢的啤酒，没有“好不好”的啤酒了，对于啤酒，你自己就是专家。

这也是啤酒和葡萄酒很大不同的一点，葡萄酒极讲究出身，讲究专家和体系的“权威性”，尽管这些体系和专家常给出自相矛盾的看法，但这极大地提高了“品”葡萄酒的门槛，莫名其妙地抬高了很多酒的价格，这些只是酒商的狂欢，迷惑和误导了大量的消费者。

当然，如果你品酒的目标是成为一名啤酒裁判，就是另一回事了，你需要掌握啤酒的“专业”语言，比如怎么样去描述每一种香气、味道和酒体，针对每一种感觉，进行专业的、周期性（人对每一种嗅觉和味觉的灵敏度都是会衰退的，必须重复记忆）的专门训练，同时对每一种风格的啤酒的所有指标以及色、香、味等特点烂熟于心，这都需要大量地学习和做功课，并且大量地饮酒。当然，这也挡不了很多爱好者走上专业品评之路。

本书主要讲解针对普通爱好者的品酒方法。第一步，也是被很多酒友，甚至很多啤酒厂和酿酒师忽略的一点，就是看包装。是的，酒好就行，不要金玉其外败絮其中才对，但有的好酒对包装的忽视简直到了败絮其外金玉其中的地步，那些国产的工业啤酒就不说了，丑陋的绿色瓶子，完全没有任何设计美感的酒标，还时不时出现各种“土豪”式的酒名，让你想喝的欲望都没有了。酒瓶和酒标就像是人的穿着，你可以随意，但至少得舒服和整洁，不能走恶心路线不是？

有的人说，酒毕竟是用来喝的，再好的包装也就只能看看，品酒的时候总和酒无关了吧。其实正是因为酒是用来喝的，包装才是品酒最重要的第一环，一款酒拿出来，包装好、漂亮，你自然而然就会更喜欢了，这是有心理学依据的，你的感觉和嗅觉，本身就会因为你的视觉而受影响，谁能不喜欢看上去悦目的东西呢？

酒瓶外观上做得好或是有特色的酒商，不出意外的，基本全是新兴的精酿啤酒厂，其实你完全可以只根据酒瓶的形状或是酒标，就看出来这是传统啤酒还是现代精酿啤酒。传统啤酒，几乎常以宗教、寺庙、农民、农村为题材，酒瓶大多中规中矩；现代精酿啤酒，更凸显个性，死亡、灵魂、极简风格，各种高×格风格被大量应用，北欧、意大利、日本等地区和国家，不出意外的是个中翘楚，看着那些漂亮的酒瓶，想不喝它们，都难！

反观中国的酒品包装，和中国的绝大多数啤酒一样，到了惨不忍睹的地步。为了不结仇过多，笔者在这里就不举例了，相信大家自己也有判断，现在中国有一些精酿啤酒屋的酒品质量已经可以拿上台面，但一旦和国外一些精酿啤酒摆在一起，不用喝就高下立判，包装土是它们最大的共性。

所谓民族的才是世界的，但有些国人习惯了跟在别人后面抄袭和模仿，对创新缺乏深刻的理解和尊重，所以很少有人能真正做到“做自己”。包装是最难（也可能是最容易改）的一个环节，希望大家一起先从这一步努力、共勉吧。

品啤酒的第二步，就是环境。这又是个和啤酒本身没关系的环节，但也是很重要的一环。我们不是说环境一定要怎么样一定要怎么好，但一定要是一个让你舒服、适合当时情景的环境，才能“品”酒不是？比如，虽然我觉得燕京是典型的工业啤酒，没有任何啤酒的意思，在一般的场合我都不会主动点燕京，但如果我在路边撸脏串的时候，你给我什么酒都不好使，就来瓶燕京才觉得过瘾，这就是环境的作用。

在一个舒服的地方，拿出一瓶好酒，开始品酒的第三步——找一个好的杯具。酒杯也是啤酒重要的组成部分，一个好的合适的酒杯能极大地提升你的饮酒快感，选择一个好的酒杯不仅是不冤枉你的钱，也是不糟蹋酒，更是生活质量的提升。可惜的是不仅绝大多数消费者没有体会到这些，而且国内所有的酒厂也没有注重过，广告里对瓶吹是常见的镜头，当然这也和它们本来就只是酿了些水有关。其实就算是难喝如水，也是倒个玻璃杯看起来更干净，拿着更有手感，喝起来也更有快感不是？

还是那个道理，你喝一瓶上好的红酒，没有人会想到对着瓶直接吹，你一定是找一个干净的红酒杯，将它倒进去，摇一摇，让香气散发出来，看上去也更漂亮。为什么啤酒就不这样呢？啤酒一样有丰富的口感和芬芳，可以远比红酒还复杂，一样有漂亮的外观，各种颜色，各种气泡，都远比红酒丰富，为什么不帮自己个忙，帮这个酒一个忙，把它倒入一个漂亮的杯子里喝呢？

最常见的啤酒杯是Pint Glass直饮杯，一种是英式的，一种是美式的，这里的 pint是一种计量单位，英制的pint是500mL多一点，美制的pint是500mL少一点。这类酒杯没有太特别的地方，是最常见的扎啤酒杯，走到世界任何地方，都能看到这种简单、直接、包容性强的杯子。

像白兰地杯或葡萄酒杯一样，带酒托的啤酒杯也非常常见，宽大的杯底配合收紧的杯顶同样能有效地提升和保留泡沫散发的香味，在喝一些很烈的Ale以至Barley wine型的啤酒以及烈性黑啤和很重的IPA啤酒时，这是首选，而且视觉上也有×格了不少。

比较淡的小麦啤或皮尔森啤酒常用比较细长且大开口的杯子，一是容纳丰富的泡沫，二是充足的汽化水平产生升腾的二氧化碳气泡也带来了强烈的观感。

很多传统的比较淡的德式啤酒，都会采用非常小的“口杯”，因为是为了“更快地喝完杯中酒”，保持酒的新鲜。前面也提到过，所有的比利时啤酒和大多现代精酿啤酒，都有专门设计的酒杯来突出自身的特点，当然最主要的目的还是用于商业推广以增加自己产品的辨识度。所以所有的专业啤酒比赛，都不会用什么专门的杯子，透明干净的小杯子就足够了，因为只有干净和透明这两点对啤酒的杯子来说是最重要的，其他都是为了增强观感。

好了，现在你已经在一个让你舒服的地方，打开了一瓶包装精美的酒，倒入一个干净漂亮的杯子，我们终于可以开始正式品酒了。

第四步，和所有其他酒一样，就是看。酒瓶好看很重要，酒本身好看就更重要了。那看一种酒该怎么看呢？首先看它的颜色和清澈度是不是符合它的风格，让人舒服。一杯皮尔森(Pilsner)，一定是要金黄通透；一杯爱尔兰世涛，一定是要黑得发亮；一杯德式小麦啤，淡黄的酒体微微发白，酒体发浑。对啤酒外观不太熟悉的朋友也不用担心不会识别，因为除了大多数小麦啤酒以外，几乎所有的酒都要求酒体干净，你可以黑得不透明，但一定要干净，不要有异色。“长”得漂亮的酒，可以极大地刺激你的饮酒欲，如同人类里总是“外貌协会”占大多数。“美”虽然是一种主观感受，但其实也是有客观标准的，你从本能就能判断出美和丑。

接下来再看泡沫和持续性，大多数的啤酒，有一定泡沫是基本的要求，它美观了啤酒，带来了香味，改变了口感，精酿啤酒里除了少数外，基本都会有个漂亮的泡沫层。

有的朋友常问我，啤酒的泡沫到底哪里来的：有气泡的饮品多了，可乐、香槟都有，但为什么只有啤酒才有泡沫？这里面的学问比能想象到的还多，世界各大啤酒厂也有专门的实验室研究这个。比如大家熟知的健力士啤酒厂，就有一个博士团队，专门来研究泡沫。所以你看健力士著名的奶油一样的泡沫，全是拿钱砸出来的。

啤酒里之所以有气泡，是因为里面溶解了二氧化碳，这些气体要么就是在瓶中二次发酵产生的，比如很多比利时啤酒；要么就是生产过程中保压灌装进去的。

这些气体在外界环境变化时，比如压力、运动的时候，就会从酒中跑出来，形成气泡。但气泡的形成就像雨的形成一样，需要一个凝结核，学术上叫nucleation site，所以我们平常倒酒的时候会看到这样的现象：一是如果酒杯不干净，或是有水渍没晾干什么的，酒杯壁上就会附着有气泡，从这一点我们可以看出一个酒吧或餐厅有没有好好地清洗自己的杯子；二是如果啤酒直接正对着酒杯倒下去，气泡会特别多，这是因为酒体运动剧烈后产生的二氧化碳会更多并且带起的空气分子也会成为凝结核，而如果倒得“杯壁下流”的话，气泡就会少很多，同理这是因为气体更平稳而且表面积更大气泡跑得也更快一些。

但为什么啤酒的气泡能形成泡沫，可乐、香槟什么的就不行呢？这就是啤酒的麦芽和啤酒花的作用了，现在最新的说法是大麦芽中一种叫LTP的蛋白和啤酒花中的一种酸结合，形成很有黏性的外衣能把气泡包起来。理想情况下是重力让这些泡沫散掉，气泡表面的液体因重力流动，小气泡融合成大气泡，大气泡内部压力增大最终散掉。所以有的风格的啤酒，比如IPA、世涛，有漂亮持久的泡沫是判断好坏的标志之一，这说明有够质够量的麦芽和啤酒花在啤酒里。

各种油性物质是泡沫最大的杀手，它们会降低气泡表面张力，让泡沫死得很快，所以用完啤酒杯后一定要清洗干净晾干，不要接近厨房和餐桌，边吃油腻的菜边喝啤酒更能迅速地消灭掉所有的泡沫。

但也不是所有的啤酒都必须有泡沫，最常见和最著名的就是传统的英式艾尔啤酒，这种酒打酒的要求就是要将酒基本打到杯子顶部，上面只勉勉强强地有一层薄薄的沫。还有很多烈性啤酒，二氧化碳含量很低，也不太强调丰富和持久的泡沫。

还有个别啤酒，特别是一些年份酒，根本就没有泡沫，也几乎不含二氧化碳，非常特别。

市面上常见的工业啤酒，更不会有泡沫，这是它们的工艺和用料决定的，单薄的酒体、大量的大米等辅料的使用，就算你使劲倒酒，砸出一点沫，也会很快散掉。当然，我们中国酒文化讲究“酒满敬人”，喝酒不是为了自己舒服，而是为了大家一起不舒服以便拉近距离，这个时候啤酒不倒出沫就是必须的了。

接着品酒。看完了酒，就该闻它了。嗅觉其实是我们人类最敏感的一种感觉，我们的鼻子能直接嗅出成千上万种气味，这种感知到达我们的神经中枢，带给我们舒服、愉悦或是恶心和难受。每一款精酿啤酒，为了让它闻上去更香，酿酒师都会投入大量的设计和努力：选择怎样的麦芽和配比，怎样的啤酒花和配比，什么样的酵母，什么样的其他作料，什么样的工艺和发酵控制等，所有的一切都直接影响了啤酒的香味。国内关于啤酒的广告里，常常会看到“麦香醇厚”这个广告词，其实我相信绝大多数国人还不知道到底什么叫麦香，因为国内没几款酒有真正的麦香。

其实“麦香”应该是由进化论保证了的能直接让我们无比愉悦的一种香味：你连粮食的香味都不喜欢了，那就该直接被自然淘汰了。精酿啤酒的世界里，“麦香”也可以是很复杂的东西，特别是一些强调这种特性的啤酒种类，比如苏格兰烈啤、德式十月啤酒等。因为不同的麦芽配比，不同的烘焙程度，都会带来不同的香味。更不用提现在最流行的IPA啤酒了，它们的特点就是浓重的。带有各式各样的啤酒花香。当然，前提是新鲜货。

而酵母就进一步地把啤酒的风味复杂化了，所有的酵母都在做一件事，那就是把麦芽汁里的糖分转换为二氧化碳和酒精。不同的是，不同的酵母会在这个过程中产生不同的香味和风味物质，其变化多端常常达到难以置信的地步。比如经典的德式小麦啤酒，它的最重要甚至唯一的特点，就是迷人的香蕉和丁香的味道，这些全是酵母的作用而不是啤酒中真的加了香蕉或丁香。很多酵母能带来多种香味物质愉悦你的神经。

然后还有添加各种辅料或者经过木桶陈酿的啤酒，好的木桶陈酿啤酒，光闻起来就是个极大的享受。最常见的香味就是木桶带来的香草味，水果带来的果香，等等。这些迷人的香味交织在一起，我们当然就该在喝之前，深深地吸上一口了。

接下来就是品酒中最令人期待的环节了。你已经在一个舒服的地方，打开了一瓶漂亮的酒，倒进一只干净的杯子，闻了它，现在，就喝上一口，好好地品味它吧。品酒时第一口给人的主观冲击一般是最大的。越淡越适合畅饮的啤酒，就算是品酒，也得大口喝；重口味的啤酒，不出意外就适合细啜慢品了。不同于品红酒的是，品啤酒一定得喝下去，感受啤酒带给你的完整的口感以及回味。喝下啤酒，是品啤酒重要的一部分。

我们人类通过味觉神经可以体会到酸（sour）、甜（sweet）、苦（bitter）、咸（salty）、鲜（umami）五种味道（最新的研究证明还能体会到“肥”fat）。很多人包括很多出版物都有个错误的介绍，就是把人的舌头分成几个区域，说这个区域品苦，那个区域品甜，搞得很多人品酒的时候，含一口酒在嘴巴里动来动去，说是为了在舌头上移动，看得我痛苦不堪。其实人舌头上的神经哪有这么笨，根本不需要这么复杂，自然而然地喝就行了。

品的时候，如果只是为了爽，那只要自己觉得好喝，有自己喜欢的味道就可以了；想要进阶的话，就得先知道要喝什么样的味道。几乎所有的啤酒都会在包装上透露大量的关于这款酒口味的信息，基本上从一个酒的产地、包装和对酒的风格的介绍，只要你认真读了本书的第2章，那这款酒大概什么味道你就该知道了。你品的时候，就去关注这款酒是如何理解这个风格的，它是怎样的口感，有怎样的层次，酒有多干净，有没有异味，有些怎样的口味，它的平衡感怎么样，酒体怎么样，杀口怎么样。刚开始的时候，除了好喝和不好喝外，你很难有什么其他感觉，特别是对于一些微妙的风味和酿酒上的瑕疵，因为这些都需要长时间有针对性地练习才能喝得出来，但只要做足功课，多喝多练，特别是在事前事后多做记录，你品酒的能力就会有很大的提升。

国外有专门的品酒班甚至品酒学校，还有专门的试剂帮助你锻炼对微妙口感的灵敏感。笔者在牛啤堂办过几次专门的试剂培训班，效果非常好。大家去国外的时候能找到这种试剂的话，不妨一试。

品酒能力对酿酒师来说更是最重要的，不会品酒，就无法全方位地评价自己的产品，就无法对自己的配方、工艺及流程形成一个负反馈，也就很难进步。下面这张表是一个比较简单的啤酒比赛的评分表，外观3分，香味12分，口感15分，酒体10分，总体评价10分，总分50。很多发烧友和专业品酒的，特别是国外，会随身带着小册子，或是手机上装上评酒的应用软件，喝完就打分，写酒评，时间长了就成专家了。当然前提还是要做足功课，知道自己该喝到什么，不该喝到什么了。

评分表

编号 Entry		风格 (style)		裁判 Judge	
分组 (Group)		特殊原料 Special Ingredients			
香气 (Aroma) ___12	评语 comment				
外观 (Appearance) ___3	评语 comment				
风味 (Flavor) ___20	评语 comment				
口感 (Mouth feel) ___5	评语 comment				
总体 (overall) ___10	评语 comment				
总分 (total score)					
备注	0 ~ 13 分：酒有明显问题，很难入口。 14 ~ 20 分：可以入口，但有明显问题，喝着不爽。 21~29 分：有一些小问题，但还可以喝。或是没什么问题，但和此种风格不符。				
	30 ~ 37 分：符合此种啤酒定义，但有一点很小的问题。 38 ~ 44 分：完美符合此种啤酒定义，没什么问题，但可以微调得更好。 45 ~ 50 分：世界上最好的此种风格的啤酒。				

▲

专业的啤酒裁判正在啤酒比赛中品酒、打分

▲
一个舒服的环境，一个漂亮的酒杯，能极大地提升你的饮酒体验

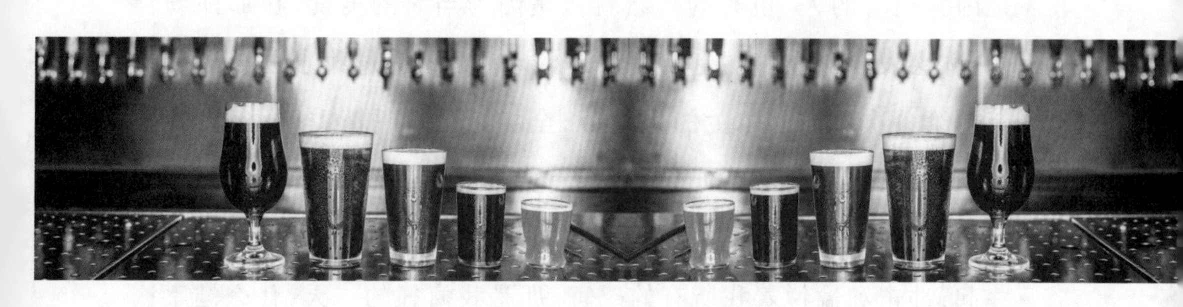

▲
不同的杯形，带给啤酒完全不同的感官体验

3.2 啤酒与美食

讲完了品酒，当然就得说到美食了。中外饮酒文化最大的不同之一，就是我们中国人喝酒的时候更喜欢来点吃的。

美食和美酒自古都是不可分割的一部分，它们都是对人类味蕾极大地迎合和满足，当你把它们相得益彰地放在一起的时候，它们就会互相提升和衬托，这不是一个简单的一加一，而是一个倍乘，能把你对它们的体验提升到前所未有的高度。

每个人都会有一些难忘的美食体验，有的是因为当时的事，有的是因为当时的人，也有的当然就只是因为当时的美食，在那种场合里，你会发现你总能想起美酒的身影。前面我提过我永远都记得几年前第一次参加爱尔兰的生蚝节，全场都是各种清香四溢、饱满出汁的新鲜生蚝，但更特别的是现场有更多的爱尔兰黑啤，奶油一般的泡沫，墨浓浑厚带着咖啡焦香的酒体，和生蚝的鲜香完美地结合在了一起，冲击和愉悦着我所有的感官。那是我疯狂的一天，什么健康饮食适度饮酒都被抛在了脑后，吃得喝得我不知天日。我也记得在波士顿参加过的一个西式美食大师的晚宴，晚宴上他做了七道菜，每道菜他都精心挑选搭配上了一款不同的啤酒，从开胃的捷克本地皮尔森

(Czech Pilsner)配沙拉，到最后的帝国世涛(Imperial Stout)配巧克力蛋糕，由浅到重，把每一道菜品都提升到了让我完全想不到的高度。(当然也有可能是被震住了……)

为什么美酒和美食的适当搭配能达到如此美妙的效果？道理可能很简单，我们的基因就是被进化得喜欢看漂亮的东西，喜欢闻到和谐的香气，喜欢尝到和谐的味道的，而要漂亮和谐，一切就都是一个搭配的问题，就像美食本身就是一个搭配的学问一样。

其实西餐里美酒和美食的搭配传统由来已久，在很多西方饮食传统中，特别是地中海食谱里，红酒本身就是食材的一部分，已经完整地进入了食谱里，怎么搭配成了文化和传统的一部分。前面介绍过，现在西餐又有了另一个新兴特色，就是随着美国精酿啤酒运动发展起来的啤酒配西餐，在美国很多城市都非常流行，餐馆会根据自家的精酿啤酒设计出完美搭配的菜单，这样的地方越来越多，甚至遍及各大潮地。在欧洲的传统啤酒国家里，特别是比利时，啤酒自古就是生活必需品，吃饭时根据食物搭配不同的啤酒是理所当然的，那里美食多样，啤酒更是多得夸张，小小一个国家有成百上千种各式啤酒，美食搭配花样百出。

但是只有西餐才能配啤酒吗？当然不是，搭配就是为了更丰富的美食体验。咱们中国的美食文化源远流长，博大精深，各种食材，各种烹饪方法，都广泛地应用在了中餐各大菜系中，使得中餐和啤酒一样多样、复杂，两者结合更能产生完美的搭配。现在很多人受西餐的影响在琢磨怎么用红酒配中餐，其实啤酒比红酒更适合搭中餐，一是因为啤酒的香味、口味和口感变化远比红酒更广，更能搭配中餐的广度；二是啤酒更适合中餐的就餐形式。中餐与西餐最大的不同，就是中餐是一桌子菜大家一块儿爽的，所有的菜是大家一起在吃的，所以你不能像配西餐一样每道菜搭上一杯酒，那样的话你得摆上满满一桌子酒杯，你只需要最多一两款酒去搭这一桌的这种菜系或是风格，这时啤酒的“通杀”性就体现出来了；三是啤酒清爽口腔的作用更明显，中餐常常口味较西餐为重，也常常更油腻，而啤酒不仅大多数饮用温度较低，而且被碳酸汽化，气泡很容易冲掉一些油腻的口感，让你更能一口接一口，吃出油而不腻的感觉。

中国还有白酒、黄酒之类的高度酒，但其实这些酒根本不适合吃饭的时候饮用，因为酒精度一旦高了，在中国的酒桌文化氛围里，就很容易“过”，并且烈性酒压制住你的其他感觉，用白酒配中餐，很容易把两者同时都糟蹋了。

其实喝凉白开也行，很适合配重口味的中餐，就是没味罢了。还是那句话，如果你吃的喝的都是色香味俱全的东西，岂不是更好吗？有人会说果汁饮料呢？也不好，安全问题先不谈，果汁口味都比较单一，没什么层次感，很难和一桌美味都搭配起来，而且很多甜腻的味道和大多数中餐根本就不搭，而且我觉得要与一顿大餐所搭配的，一定要是酒精类的饮料，且不说中国传统是“无酒不成席”，哪怕只是纯粹地为了味觉享受，酒精也是必需的，大餐就是为了让你松弛、愉悦、高兴的，这和酒精的作用完全一致，只要是在自己的酒精限度以内，这种搭配就一定能起到锦上添花的作用。所以你想来想去，一一排除，吃中餐的时候没有比喝精酿啤酒更好的选择了。

现在北京、上海推广和酿造精酿啤酒的人们，也已经正在努力推广这个概念，我相信你会慢慢地在越来越多的中餐馆里看到精酿啤酒，特别是本土精酿啤酒的身影。希望这本书再版的时候，我能有更多的内容介绍这方面的消息。

那吃中餐的时候应该怎么样去搭配精酿啤酒呢？遗憾的是，这里没有什么“放之四海而皆准”的真理告诉大家，或者类似葡萄酒的“红肉配红酒，白肉配白酒”的准则（其实这在葡萄酒里也不是绝对的），只有一条是必须的，就是轻口味的酒配轻口味的菜，重口味的菜上重口味的酒（废话了）。我们搭配美酒美食是为了让它们相得益彰，互相提升，不是一方压倒一方。

其他的就完全看个人口味了，比如一些辣的菜，有人就喜欢用IPA啤酒，因为这种啤酒比较苦，能更突出辣味，直接把你舌头烧起来，而有人就完全接受不了。你需要喝过各种啤酒，知道各种风格都是什么样的，下次吃好吃的时候就可以想一想，再加点什么味进来会更好吃，时间长了，你也就有适合自己的搭配模式了。

▲

德国面包配柏林小麦酸啤：传统的柏林小麦酸啤，常常兑入红梅汁或这种绿色的甜根汁，然后用吸管来喝。这是夏季的佐餐佳品

▲

爱尔兰世涛黑啤配新鲜生蚝，你必须尝试的美食体验

3.3 如何挑选和收藏啤酒

看到这里，你已经了解了很多关于啤酒的常识，也知道了怎样去品一杯酒，怎样在美食中享受美酒了。那么，在你刚入门的时候，该怎么样去挑选一瓶酒呢？就像国内所有其他产业一样，啤酒行业，哪怕是刚刚兴起的精酿啤酒行业，一样不缺各种欺诈、各种误导，假货、劣货不断，遍布各大中小城市，那么刚入门的朋友该怎样挑选和分辨出值得购买的精酿啤酒呢？

非常不幸的是，这里没有一个绝对的办法可以让你只要严格遵守，就一定能挑到好酒。一是部分商家实在太狡猾，中国消费者也过于容易被忽悠、被诱导；二是啤酒实在是太广博，在任何方面都没有普适的规律，你唯一能做的，就是把“学费”交足，多做功课，多喝多尝，多与人交流。听着很麻烦，但你想想，成为一个啤酒达人的路是一条愉快之路，路上充满了各种酒、各种朋友、各种局、各种party，还有比这更好玩的爱好吗？

虽然没有普遍的规律，但有一些方法，能让你避开一些可能的烂酒，少交点学费：

第一个，就是前面讲德国啤酒的时候已经反复强调和解释过的，如果一个啤酒，特别是非德国产的啤酒或是商家、店家，宣称自己是"纯正德式啤酒"，严格根据德国啤酒"纯净法"酿造，那确定无疑这是个土鳖啤酒。酒好酒坏先不说，德国有很出色的酒厂和很多极品的啤酒，更有悠久的啤酒历史，但以这种方式来宣传自己的啤酒，只能说明商家要么就不懂啤酒，要么就在误导消费者而已。

第二个，就是以××比赛得奖来进行宣传的啤酒。这个其实非常有误导性。首先要澄清的是，有很多的国际大赛，比如全美啤酒节、啤酒世界杯、欧洲之星啤酒大赛等，都有极高的水准，想在这样的比赛里得奖，特别是金奖，需要极高的水平，一个酒厂的一款酒在某一年的某次比赛得了奖，只能说明当时那批酒真的很受裁判喜欢，这完全不代表你会喜欢，也不代表你现在喝的酒和当时的酒是一样的质量，事实上连配方都可能不一样。这些，酒厂一般是不会告诉你的。

而且，你是不是在一个正确的时间喝到一款酒，是不是在这款酒最佳的状态时喝到它，更是一个极大的影响因素。前面强调过，大部分的酒，是不是最合适的新鲜状态，直接决定了酒的质量，像大麦烈啤这样的酒，有没有陈放足够长的时间，直接决定了它是好酒还是坏酒。比如很多国际大赛的时候，一些比赛地附近的酒厂，会在截止日前夜才将自己最适合的且一直处于最佳保存状态的啤酒送过去，这就能占很大的先手，所以你会发现在美国的比赛欧洲酒厂的得奖率要明显小于在欧洲比赛时的得奖率。

对于我们国内的消费者来说，我们根本不知道这酒从出厂到手里经过了怎样的运输和仓储环境（极有可能是不乐观的），这酒再好，也会多少受到影响。这酒在哪年哪地拿过什么奖，所以真的不重要了。

总之，得没得奖是一个酒厂的荣誉，是一个酿酒师的骄傲，是水平的象征，但不是你选择喝一款酒的理由。

第三个，所有以“保健”“养生”“营养”此类概念进行营销的啤酒，这个我在下一章的啤酒与健康里会写得非常清楚，这样的酒，就是对啤酒对养生和对消费者的侮辱，应该成为社会公敌，坚决横扫之！

具体到酒水的购买和挑选，也有一些技巧。

首先，最好的买啤酒的地方，目前来讲，还是国外。几乎所有的发达国家，精酿啤酒的种类之多和价钱之低都是到了可以让你崩溃的地步，特别是美国，凡是有人的地方就有各式各样的精酿啤酒，去了那里，一定不要亏待自己，利用google，找到当地的小酒厂（micro brewery）、自酿酒馆（brewpub）、瓶啤店（bottle shop），还有各种啤酒节和啤酒活动，光啤酒就可以把你的日程排得满满当当。

经常出国的朋友毕竟是少数，那么国内哪里买酒靠谱呢？

在国内买啤酒，你首先要明确一点，你是买来近期喝呢，还是买来陈酿和收藏的。我们先说前者。

啤酒的种类五花八门上百种，但这里面，有95%的种类，就像前面反复讲过的，都非常强调新鲜二字。对于大部分的啤酒而言，没有比新鲜更重要的东西了，最极端的例子是前面说的传统英式纯正艾尔（Real Ale），保质期只有几天，而且不能过滤杀菌，更不能远距离运输，所以除非你在酒厂附近，否则根本不可能喝到。其他经典的比如说皮尔森啤酒，还有现在流行的美式IPA，都非常强调新鲜度。可以说，这些酒因为生产日期、物流、仓储条件等导致的新鲜度不同所带来的品质的影响，甚至远超过了配方和工艺的差别带来的影响。

美国最知名的IPA生产商之一Stone啤酒厂，曾在某年的12月1日发行了一批IPA，这批酒的名字，就直接叫"请在12月31日之前喝掉"。这个虽然有市场宣传的噱头在里面，但其实主要还是给消费者推广"新鲜"的概念。国外很多精酿啤酒厂，根本就不打算把酒卖到国外甚至离本国较远的地方，原因之一就是出于对新鲜度的考虑，这也是很多知名精酿啤酒在国内没有正规销售的原因之一。国外很多地方，酒厂针对分销商和零售商，分销商针对零售商，都会时常派出专员，专门检查仓储和物流条件，很多时候，一杯酒从酒厂出来，到进入消费者的酒杯中，全程冷藏，所以很多人都是到了国外以后才知道，到底"新鲜"啤酒是个什么样的味道。

具体到国内，你就可想而知了。国内相对落后的仓储和物流条件，还能有多新鲜的啤酒？我不是说国内买不到好的进口瓶装啤酒，但很多时候运气很重要，你只能尽你所能地关注一下生产日期，关注一下购买渠道靠不靠谱等。

另外，国外一些精酿啤酒大厂，最近几年在封装工艺上进步也很大，酒的质量控制技术也很稳定，水平也很高，所以，虽然这些酒仍然会受物流和仓储的影响，但只要你要求不是太高，酒的价格也比较合理的话，那仍然是值得购买的。有的酒，特别是国内现在流行的IPA，因为其在国内的稀有性，被卖出高价甚至天价，这是绝对不值得购买的。

真正值得购买的进口啤酒，是一些不用着急喝的啤酒，一些需要陈放甚至值得收藏的国外顶级好酒。

很多人一听收藏和陈放啤酒觉得不可思议，因为陈放、收藏这样的字眼，一般是轮不到啤酒的，那是葡萄酒、白酒、威士忌这样的酒的专利。但这本书读到这里，你当然应该知道了，有那么一些酒，也许只占啤酒风格种类的5%，偏偏就是需要陈放，并且适合用来收藏的。这些酒，只要不经历过分恶劣的物流，那在国内买和国外买，是一样的。

哪些酒不需要新鲜而适合陈放呢？

第一看酒精度。和其他所有酒一样，酒精度一旦上来了，新酒的口味就可能特别尖锐，酒体也不醇和。现在精酿啤酒里酒精度10%左右甚至还要高得多的屡见不鲜，这样的酒本来就需要时间来消磨它的锐气。

第二是看麦芽。一些深色的麦芽，还有一些经过特别处理的麦芽里的类黑素，能有效抗氧化，这就是很多陈酿啤酒都是深色的原因。一些烟熏麦芽也有同样的作用。

啤酒放久了以后，很多蛋白质特别是小麦芽的蛋白质会凝结和沉淀下来，这会导致酒体过于轻浮和单薄，所以哪怕是小麦烈啤，比如Weizen Bock，也很少用于陈酿收藏。大麦芽的沉淀会慢一些，但也会带来明显的影响，所以一般陈年啤酒都是残糖很高的酒，刚开始喝会过甜，纯属浪费，只有放一段时间，糖分才会起到平衡酒体的作用。笔者以前就着急喝过一些高价的顶级好酒，就记得一个腻人的甜味，现在想想着实可惜。

第三就是看啤酒花。前面反复强调新鲜度对IPA来说的重要性，就是因为啤酒花，特别是美国啤酒花，是非常容易衰减和变味的东西，香气会很快消失，口感会变弱，苦味会变淡，更严重的是，美国的一些经典啤酒花，在这个变化的过程中还会产生明显的氧化味和“湿纸板”的味道。欧洲的一些经典啤酒花相对较好，因为苦酸含量的不同，它们的衰减会更慢，其间的异味会更少，所以，很多陈年啤酒的苦味值都不高且大量采用传统的欧洲啤酒花。

第四就是看酵母。微生物的世界是极其丰富的，除了常见的艾尔和拉格类酵母，很多酒也借助了其他各种微生物进行发酵，这里面的大多数，都可以长时间地对一款酒起作用，其带来的风味物质会随着时间进一步地变化和升华，最经典的就是各类带酸味的啤酒，很多情况下，不经过一定时间的陈放，酸味会过于尖锐。

综合以上几点，你大概也该知道了，哪些啤酒是不用新鲜时喝，反而需要时间来陈放的。各式大麦烈啤(Barley Wine)，烈性世涛(Imperial Stout)，比利时的各种烈啤，双料、三料、四料、各式酸啤等等都是常见的需要陈放的啤酒。高质量的此类啤酒，稍加时日，就可以变得更加的妖娆动人，有的酒若不放上几年就喝根本就是暴殄天物。现在国内的进口啤酒里，哪怕在超市里，都能找到一些很适合陈放的此类啤酒，价格一般也就三五十块一瓶，你买一些在家里放上两年，那它就能变成世界上最好的酒，注意，我说的是酒，不止限于啤酒！它们微妙的变化，复杂的口感层次，完美的平衡，从美学的角度上讲，不可能逊色于其他任何酒类：世界上能有几种顶级物品，可以只花几十、百把块钱和一点时间，就能享受到呢？

最后，如果你是去餐馆或是酒吧里喝酒，那就简单了，和前面的道理一样，对于绝大多数的酒来说，你的首选肯定是扎啤，因为扎啤桶相对于酒瓶来说，对酒的保存更好，避光，热稳定更高，氧气相对含量更少，这些都是极大的优势。而且很多不过滤杀菌的啤酒都是通过扎啤桶来包装的，你喝到真正新鲜啤酒的概率会高不少。你需要注意的是两点，一是扎啤毕竟只是包装形式，很多工业啤酒也有扎啤，国内一些还不是太靠谱的“自酿”啤酒，也是扎啤，所以你要有所分辨，并不是扎啤一定就好。二是扎啤好不好喝，除了与酒相关以外，扎啤系统的设计和保养也很重要，但这一点有点要求太高，普通消费者根本看不出一个系统专不专业，这一点上展开了讲太枯燥，发烧友们就只能自行修炼了。这个问题至少在目前，我个人认为是国内精酿啤酒最大的问题之一，很多好酒完全毁在了扎啤系统的设计和保养上。人们对此缺乏足够的认识，专业人士更为稀少，也成了啤酒爱好者们找到好酒的障碍。

▲
将跨度 20 年的 3 个不同年份的智美蓝帽啤酒一起品尝，酒的变化能直接冲击你的认知

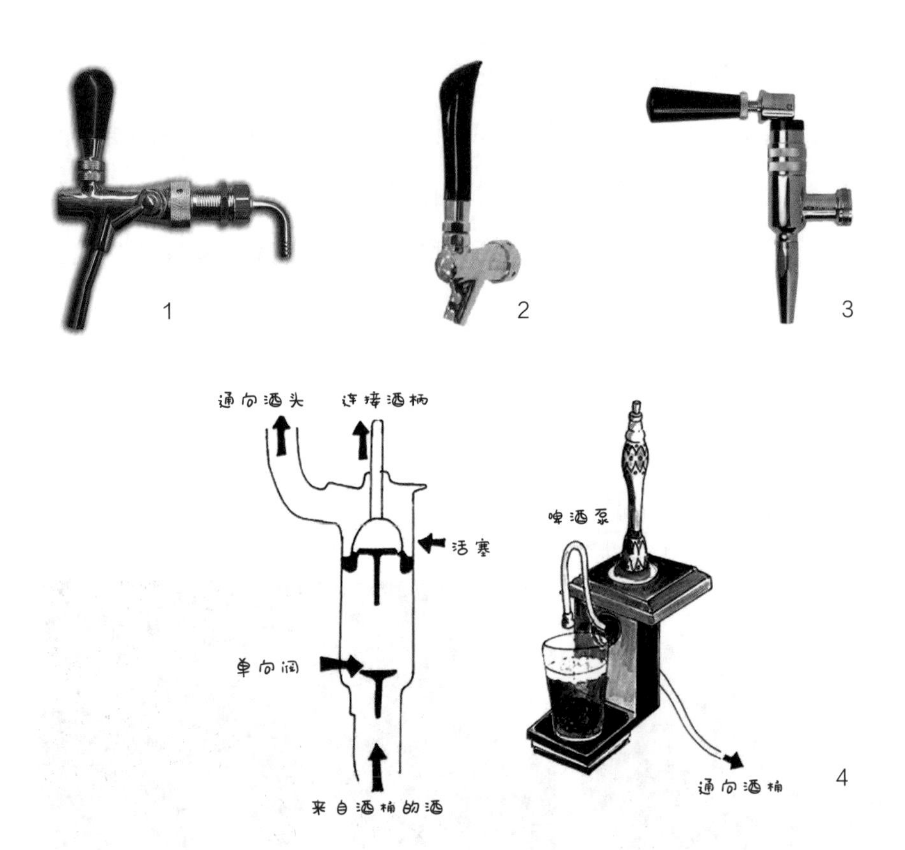

▲

以上是一些常见的扎啤酒头的样式。

1 号是国内最常见的可控制流量的扎啤酒头。这类酒头被专业人士称为“业余”酒头，因为它只适合没有经过专业设计的扎啤系统以及没有经过扎啤系统培训的不专业的吧员。这种酒头简直就是为中国量身定做的，所以占据了国内 100% 的市场。

2 号是在发达国家特别是美国最常见的直接酒头。这类酒头不能调流量，只有“开”“关”两个模式，只能用在经过专业设计的扎啤系统上，保证吧员以一个合理的速度（8~10 秒一杯）打出一杯泡沫合理均匀的完美的扎啤。所以有时候从酒头的选择上，就能看出一个啤酒吧扎啤系统的专业程度。

3 号酒头是氮气酒头。有一些啤酒风格是用氮气来加压的，比如爱尔兰世涛，这类酒头就是专为加氮气啤酒设计的，它能使泡沫更致密，酒体更干。有没有这类酒头，也是衡量一个啤酒吧扎啤系统是否全面的标志。

4 号酒头就是传说中的英式纯正艾尔啤酒的酒头。从酒头形状及其原理图可以看出，这类酒头就是通过单向阀把空气压入酒桶，并把酒压出酒头的。

第4章

啤酒与健康

4.1 酒与健康

中国可能是世界上已实现大部分人丰衣足食而国民身体素质较差的几个国家之一，连很多官方报道也披露，现在不管是成年人还是儿童，缺乏锻炼，不健康的生活习惯，导致国人的身体素质堪忧。

比这些更糟糕的是，大多中国人还对“健康”“营养”“养生”这些常识性的概念缺乏基本的科学认识，存在很多荒谬的理解，特别是对酒，中国社会有一些传统的负面看法，看着很多朋友在愚昧的泥淖里痛苦挣扎，在享用美酒的时候还常常患得患失，所以本书也就专门开出重要的一章，来讲讲这个有趣的话题。

我们中国人自古就喜欢“补”，总觉得世界上有一些名贵的东西，买过来往嘴里一塞，身上的各种“窟窿”就能被“补”上了，人就更健康了。很多莫名其妙的东西，在中国被卖出了天价：一种普通的不能再普通的鸟类通过吐口水的方式修个窝出来，这个窝被认为是大补；一种低等的爬虫因为碰巧被某种真菌寄生并长成了一株草，也被认为是大补，还有著名公司出来把这种虫打成粉末状天价出售，因为能“更补”。不过这些情况也还好，一个愿打一个愿挨，有多愚昧只关自己的事，不伤及别人。当事人肯定还觉得不相信这些的人，比如我，才是个大笨蛋呢。虽然我国传统医学也会以熊胆和穿山甲入药，但中医是我国人民智慧的结晶和文化瑰宝，值得每个人尊敬，不过一些因愚昧的营养观而导致的悲剧，就让人不能忍了。比如你说人一笨熊与世无争地天天在森林里吃吃果子抓抓鱼，结果被关进身都没法转的笼子里被人天天生取胆汁；千百年来与世无争老老实实的穿山甲，就因为长着一身化学成分和你脚指甲一样但却被号称“有药效”的鳞甲，就天天被人扒皮抽筋，已快灭绝。你说你以后剪指甲的时候自己给自己存着不就行了吗？

说到酒，咱们国人就更奇怪了，很多人感觉身体不太好的时候，就纷纷提出自己要戒酒，似乎身体不好是酒的原因。很多年轻人相亲介绍自己的时候，常把自己“不吸烟不喝酒”当作优点重点推荐，似乎不沾酒的人更老实本分、更适合一起生活。在很多人的观念里酒精就是一个被妖魔化的东西，中国人的人均酒精摄入量在世界上是根本排不上号的，很多人不喝酒，也有很多人平时不喝酒，但一到饭局上就变成了怪物，各种干杯、各种不醉不归，酒被异化成了一种自残性的社交品。

但酒也能变成补品，只要你把一些特定的东西泡到烈酒里，就大补了。比如泡点各种动物的鞭啊，各种蛇啊什么的，似乎这样就能补充进这些动物的“精华”，身体就被“补”了。可以说，国内很多人，对健康对酒的认识，就是一本糊涂账。

国外有理性的营养健康观的人相对比较多，他们知道，世界上唯一大补的东西，就是一种生活方式而已：多吃新鲜蔬菜、水果，平衡膳食，加强锻炼，就这些了。除了最常见的肉蛋鱼类、菜类，不用去追求什么乱七八糟的东西，民间体育也极为发达，所以国民整体身体平均素质就相对较高了。

他们对酒就更“无所谓”了，没事喝两杯酒，就像喝牛奶、咖啡一样，酒是日常生活的一部分，不仅是日常营养的来源之一，也是精神食粮的一部分。大家没事儿不会去想酒健不健康，就像你不会去想吃米饭健不健康一样。

那怎样的健康观和饮酒观才是理性的呢？酒与健康到底有什么样的关系？啤酒，比起其他酒，到底是更健康还是更不健康？关于啤酒的那些“常识”，啤酒肚啦，导致痛风啦什么的，到底是不是真的？我们来一一聊聊。

加班文化是东亚特色，在绝大多数的文明世界里，加班只意味着两件事：要么就是老板太笨，不会安排工作；要么就是老板太笨，招了笨蛋进公司。可惜这样浅显的道理抗不过众多复杂的其他原因，比如我国，国内绝大部分公司，都盛行加班文化，似乎价值是通过加班来创造的。

此外，很多养生的朋友号称不烟不酒，说起来头头是道，而且特别信奉“老话”。首先你要知道，“老话”是前人生活工作经验的总结，你想想就知道，以前的人怎么可能知道现在的人是怎样生活工作的呢？说一个东西正确与否，以它是不是“老话”来判断正误是个没有逻辑的行为，当然，常有同学会说一个说法传了几千年肯定有它的道理，这种毫无逻辑的话不在本书讨论范围就暂且不论了。

所以，咱们绝大多数的职场人士，当然也包括很多自由职业者、经商者，工作压力大，很晚下了班累得跟狗一样，回到家后，常常一顿简单的饭菜了事。其实，对大多国人来讲，当你好不容易结束了一天的工作，不用再面对高压的领导（客户）、不待见的同事（伙伴），也不用工作了，只用吃饭、上网、看电视、睡觉了，这样的时候，不和老婆、孩子，或是约上朋友，或者情人，哪怕是自己一个人，好好地吃一顿自己喜欢的东西，再配上一点好酒，好好舒缓下自己的神经，好好享受下生活，把这一天真正变成自己的一天，那你活着图什么呢？

很多病的成因或者诱因，都来源于压力、紧张、缺乏调整和放松，一个懂生活、会生活的人，怎么可能不比一个过得紧紧张张，连晚餐都不重视也滴酒不沾的人活得更健康呢？

你也许会说了，这肯定是我的主观臆断，不能以我的感受来指导别人的想法，那我告诉你，这个世界上几乎所有的关于酒与健康的医学报告，不管是研究哪方面的身体指标，都指向一个明确的相关性结论，就是如图所示的U字形，横坐标是每日饮酒量，纵坐标是某项越低越好的身体

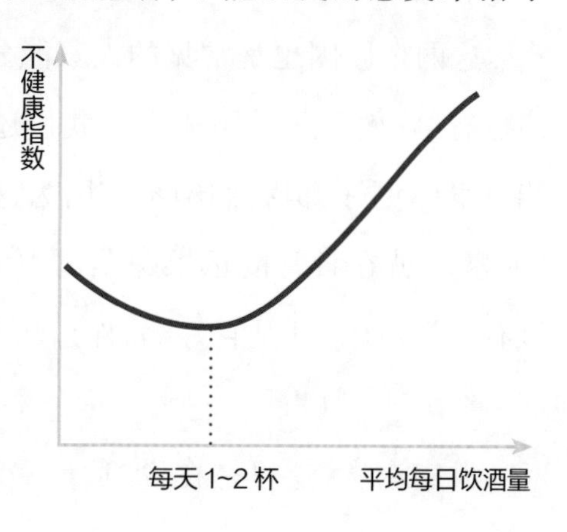

指数，比如肥胖度、心血管疾病发病率等。这个U的最低点在哪里不一定，这个U的曲率也不一定，但这个事实却都是这样：每天适量喝一点酒的人，身体素质表现最好，滴酒不沾或是饮酒过量的人，都不如懂得适量饮酒的人。

怎么会出现这样形状的曲线？一个人不喝酒，怎么会和酗酒一样，反而对身体不好了？

这里不是说酒精能包治百病，而是有两个很重要的原因：一是前面说的，酒精可以很明确地舒缓人的神经，放松心情，酒要是好喝的话，还可以提升愉悦感，而这些都是和健康紧密相连的。压力是公认的很多疾病的诱因，从这个角度说，酒还真是包治百病了。二是我们人类本身就是群居动物，不管你有多“宅”，从基因上讲我们就有社交的心理需求，有一定正常社交生活的人，心理更健康。不管古今中外，酒都是社交中最常见的润滑剂，愿意喝两杯的人，社交生活当然更丰富一些。

这两个原因也是常见的大家能分析到的原因，但已经可以对很多病症有“疗效”了，接下来一节我们还会聊到，酒里的一些元素也确实能对身体更好，但我们绝不该因为这个因素去喝酒，我们人体需要的“元素”，就在日常的瓜果蔬菜肉类鱼蛋里，已经足够了。你喝酒只应该有一个原因，就是它好喝，你喜欢上了。

大家注意，这里是在说“适量喝酒的人身体素质平均更好”，而不是说“适量喝酒对身体有好处”，这有本质的区别，这里并不是让不喝酒的同学误以为“没事儿喝点酒对身体有好处”，如果你试遍了各种美酒，仍然觉得不好喝，那你完全没必要为了“健康”而改变生活习惯去尝试喝酒。但如果你平时没事就会喝两杯酒的话，那恭喜你，从概率上讲，你得很多病的机会都要少很多了。这里说的“两杯”，是真的就两杯，什么意思，就是一瓶最多两瓶普通度数的啤酒，或是一杯葡萄酒，或是一小口白酒，多了就算过量，再多就是酗酒了。这个不言而喻，对身体和心理的损伤都是巨大的。

比酗酒更可怕的是，平时不喝酒，到了周末，或是赶上什么聚会，一顿猛喝，这是最不健康的一种喝酒习惯，但在中国非常普遍，这些人的饮酒量平均到每天也不多，可能还正好是“一两杯”，但每周都基本集中在一次完成，这样的饮酒方式能给身体造成重创，你的身体完全不知道你想干吗，它整个在一个痛苦的循环中挣扎，柔弱的内脏被酒精无情地碾压，这是绝对应该避免的。

当然，有时你也可以发现，哪怕在很多发达国家的医疗健康机构里，特别是官方机构里，还是能找到很多对酒精的一些负面的研究和报道，很多顶级的官方报告里，酒精，还是常常以负面的形象出现，对待这些，你需要站在历史的角度来看待。

酒文化虽然一直是人类社会历史进程的核心文化之一，但因为酒精本身的成瘾性，以及过量酒精的伤害性，酒本身一直是一个相对敏感的话题。

其实广义点说，以一个科学的角度来看的话，酒精和常见点的烟、茶、咖啡，甚至很多人闻之色变的大麻、可卡因等一样，都属于娱乐性消耗的drug的一种，它们都有不同程度的成瘾性，能改变人的精神状态，影响人的身体。和理想情况下一个“理所应当”的逻辑不一样的地方是，它们被一个社会所接受和排斥的程度，从来都不是和它们本身所能产生的作用，以及个人和大众对其的依赖程度相关的，而是受到了各种其他看似偶然的人类社会文化的影响和左右。很多时候很多drug自身就形成和造就了一种文化，喜欢这类历史的人曾总结过：Every culture and subculture gets the drugs that it deserves.

历史上世界各国，古往今来，对待不同的drug，都有不同的政府态度和法律条文，管制也罢，不管制也罢，都带来过严重的社会问题和社会成本。每一种drug，因为各自的文化性和历史性，让我们看待它们的时候常常缺乏理性。其实我们的生活在方方面面都被各种娱乐品所影响甚至所决定，学会理解，特别是科学地认识每一种娱乐品，和其相关的宣传与文化，特别是酒精，是丰富你生活、提高你人生质量，同时也是让这个社会变得更美好的最简单的方式。

只需回顾过去几十年的历史，你就会发现那些众多的试图指导我们生活的法规和政策，看起来令人可笑。人类社会文明虽已到达有史以来的最高度，但仍然在不停地发展和文明化进程之中，就在小百年前，精酿天堂美国还有禁止生产酒的法律，大腐国英国还因为性取向的原因迫害自己最牛的科学家；就在几十年前，烟草还可以肆意地做虚假广告，大麻在全球都是严格的违禁品；就在几年前，国内的酒驾还是普遍现象，北京的大小室内公共场合还遍地烟民。人类因为很多历史的巧合和文化的原因，对很多文化性的产品和行为有很多非科学的政策，但整个世界的趋势是更加理性和文明，而对待酒精的研究更是越来越深入和透彻，但都仍然在逐渐合理和规范中。官方的报道更多的时候是一种政治行为，并不能很好地指导我们正确地对待酒精等各类drug。（当然，从法律角度来讲，每个人都该严格遵守当地对于各种drug的所有条文，这是一种对自己负责的态度。）希望大家能以更加有逻辑的态度，理解我们生活中的娱乐品，理解酒，理解酒与健康和我们自己的关系，生活很容易地就更美好了。

啤酒的误区

啤酒受到的负面误解最多。之前的所有章节，就是在纠正大家对啤酒单一性和“低档”性的认识，但在啤酒与身体健康上，还有一些流传甚广甚至啼笑皆非的误会，这里也一并揪出来现现原形，其实还是那句话，你就是把啤酒当成你日常生活的一部分，就像米饭、馒头、鸡蛋、卤猪蹄一样，只要喜欢就去吃，别过量就行。

啤酒与啤酒肚

喝啤酒会造成啤酒肚，这是中国流传最广，也是让很多人少喝甚至不喝啤酒的原因。稍微用用脑子就能想明白，啤酒在这事上，是多无辜。

我们先来看看你为什么会长啤酒肚。你只要还是碳基生命地球人，那你长胖主要就一个原因（我知道实际会比这个复杂得多，这里只是举例子）：

消耗的热量 < 吃进去的热量

这个公式有两个变量，我们先看第一个：消耗的热量。

人只要活着，哪怕一动不动，就在消耗热量，当然你动得越多，消耗得越多，一个30岁的中等身材、适量运动的普通男性，平均每天大概消耗2 000大卡出头一点。（1大卡=1 000卡=4 180焦耳，全书同。）

再来看吃进去的热量，啤酒有多少热量呢？啤酒里的热量主要来自酒精，还有一部分主要来自剩余的糖分、碳水化合物，啤酒多少热量从啤酒的酒精度和原麦汁浓度就可以估算出来。一瓶330mL的普通啤酒的热量一般也就是100大卡左右，一些高酒精度的啤酒可能高一些，但也很少超过200大卡。

100大卡是什么意思呢？ 一份羊肉根据肥瘦会有区别，但平均来说，一两就是100大卡。就是说你出去涮肉，点了两瓶啤酒，一斤羊肉，就一共吃了1 200大卡，但啤酒只贡献了其中的15%，你说你这长得是啤酒肚还是羊肉肚呢？你来个国产巧克力棒，热量轻松上几百大卡，也从没听人说大肚子是巧克力肚啊。

啤酒肚和啤酒本身没半毛钱关系，我们长的都是热量肚，啤酒美味不让任何敌手，但在热含量上心甘情愿甘拜下风。

其实酒精是酒里面热量的主要来源，白酒酒精度达40%~50%，你喝上两杯白酒就几百大卡了，喝烈酒还特别容易让人感觉饿，你越喝就吃得越多，相反啤酒喝几瓶还能让人水饱，特别是中国的各种水啤酒，很容易控制你的饮食量。

你也可以不喝酒，出去吃饭点果汁饮料，但国内有多少果汁的含糖量能比啤酒还低呢？

之所以很多人有喝啤酒会长啤酒肚的感觉，可能是因为两点：一是喝了几瓶啤酒后肚子感觉很胀，但这只是水饱而已，而且我们提倡喝好酒，多品酒，喝那么多干吗？二是因为各种夜宵一般都是配啤酒，并且都是大油大肉居多，加上夜宵本来就是减肥杀手，配上啤酒当然给人长肚子的感觉了。

封山育林

作为一个酒鬼，国内我最不能忍受的关于啤酒的误解，就是“封山育林”这个说法了。像我80后这个年纪，现在每次朋友聚会，从概率上讲很容易就遇到有酒友说：不能喝了，现在要开始“封山育林”了，实在要喝，来半杯红酒吧。

我认识的人，生孩子时该干吗干吗，没那么多过场，没有怕这个怕那个，准备这个准备那个的，一般都是怀孕顺利，生产也顺利，生出来的也长得好；相反，那些紧紧张张，备孕就备个半年，紧张这个紧张那个的夫妻，反而不会那么顺利了。个人感觉虽然没有统计意义，但你想想也是这个道理，连老公喝两杯啤酒都会紧张的家庭，属于缺乏基本逻辑和常识范畴，那出错的概率稍微高点也说得过去了。

每个人身边都能举出各种个例来，所以，为了让大家信服，就这一小节我花了很多的时间，大量地查阅国外权威的医学书籍和文献，想整理出一个理论，或是一个统计学上的关于爸爸在备孕期间到底需不需要戒酒的东西，但却毫不意外地发现：基本找不到！

为什么毫不意外，很简单，你去随便问一对发达国家的夫妇，只要不是酗酒的家庭，说你们准备生小孩以前，会让老公戒酒吗？基本会得到一个不可思议的表情：你脑子在想什么啊？（当然了，再说这些友邦人民，很多小孩儿都是喝多后造成的，就更觉得这个问题不可思议了。）

很多中国人的理论很简单，酒是“不好”的东西，准备怀孕前，老公就该准备一段时间滴酒不沾，以提高精子质量。你如果义正词严地指出，这想想都不对啊，一点酒精怎么就会影响到精子质量了呢？没有途径啊！这时你得到的回复一般就是典型的中国型逻辑：人类的医学还有很多没搞明白的地方，怀孕就这一次，不能有任何闪失啊！

这个逻辑的错误还是想当然地把酒当成了“坏”东西，有罪推定。你不会因为“人类医学还有很多没搞明白的地方”而不吃蔬菜、不喝牛奶，但是一样的逻辑的话，你怎么能确定蔬菜、牛奶就一定没事儿呢？怀孕就一次，不能有任何闪失哦！

国外也不是没有父母饮酒对孩子影响的相关研究，但绝大多数都集中在母亲，得出的结论大家也都知道了，母亲怀孕时饮酒确实影响胎儿发育，但母亲备孕和育儿期间饮酒的影响，就开始有争议了，特别是备孕期间，现在主流的说法是只要不是酗酒，根本没影响，反而还有助于妈妈保持一个放松和健康的心态。关于父亲这边的研究极少，但也不是没有，结论是父亲严重酗酒的话（注意严重两字），不管是在备孕期间、怀孕期间还是育儿阶段，都对孩子有影响。但别急，这些大都不是从医学和生物学角度的研究，而是从心理学和社会学角度的研究：一个家庭里男方喜欢严重酗酒，那对孩子有影响，这不是废话么？这完全是家庭带来的影响，而不是“身体”受损带来的影响了。

为什么这方面研究相对很少，是因为就像别人不会去研究吃青菜会不会导致便秘、啃馒头会不会导致视力下降一样，总得是有联系的事才有研究价值的。现在的研究也证实了，男方只要不酗酒，那精子质量不受任何影响，你只要保持一个健康的生活习惯，那你没事喝点酒跟精子质量能有什么关系？就算有，也只能是让你变得更好的关系。

国产啤酒含甲醛?

前些年，国内曾爆出过啤酒添加甲醛的消息，一时全国哗然，好多人吓得不轻！甲醛啊，多可怕，福尔马林泡尸体用的，啤酒厂太可怕，竟然用这样的方法来防腐！啤酒含甲醛，还能喝吗？！

直到现在，笔者作为一个所谓的啤酒专家，还常在各种场合被人问到这个问题，甚至还遇到过一些人因为这个原因，很少甚至不喝啤酒！

其实大家也都知道，和食品安全问题一起，在中国一样常常不专业的东西，当然就是某些媒体的节操问题了。你看到这样的新闻，首先先用基本常识想想，啤酒含甲醛？！怎么可能啊？你说中国连小孩奶粉都有三聚氰胺，啤酒含甲醛有什么不可能的？当然不可能啊，三聚氰胺奶是给买不起高档奶粉的小孩儿喝的，啤酒是全国从上到下人人都在喝的东西，能一样吗？这么多啤酒厂这么多员工，几十年来团结起来维护这么一个天大的秘密，可能吗？

当然，我知道这样说你是不会放心的，这里我就给你一个权威的说法，是的，国内工业啤酒生产过程中，确实曾添加过甲醛。

不过，注意这个不过，千万不要断章取义，生产中添加甲醛，和啤酒中有没有甲醛是两个完全不同的概念，就像你吃的菜基本都是施肥打农药出来的，但只要残留达标，根本没事儿。(实际很多菜现在也不达标，也没见大家不吃菜啊！)啤酒生产中添加甲醛后，会使啤酒更稳定，质量更高。甲醛虽有害，但其是个超强挥发性的东西，而且在添加甲醛后还有很多本身就是必需的工序，最后的成品根本就从本质上决定了不可能有不安全的甲醛残留——实际上当年这事出来以后，对市面上的啤酒包括进口啤酒都做了大量抽检，国产啤酒的甲醛残留甚至还不如一些进口啤酒！等会儿，怎么还是有甲醛残留？因为甲醛天然地存在于这个自然界，啤酒的甲醛含量甚至低于牛奶！

纵使这样，咱们中国有些人在这些方面是特别奇怪的，一方面对一些明确无害的东西特别较真，比如一些非常成熟的转基因产品；另一方面像前面所说的，对烟、烈酒这样的毒品管制不那么在意的国家，还常呼吸着世界上最肮脏的一些空气。所以，既然生产中真的添加了甲醛，哪怕最终产品中绝不会存在任何残留，啤酒厂的反应都是一样的：这帮人没法讲理，老子不用就是了。所以，那件事以后，国内的啤酒厂都停止了使用甲醛，开始使用其他工艺。

所以结论出来了：大型啤酒厂过去使用甲醛，但成品酒中并无残留，现在的啤酒厂早就连用都没人用了。

我在很多场合都告诉过大家一件事，啤酒现在就是国内最安全的饮用液体，注意，我说的不是酒类，而是指所有可以饮用的液体。很多人没在意，觉得我是夸张或是自卖自夸，其实你稍微想想就明白了，烈酒度数太高，非常容易过量，严重影响身体健康，当然除非你特别有自控力；葡萄酒、水果酒等，进口的还好，但一是价格虚高，二是没法做饮料喝啊，而且小白们常遇到假冒伪劣的问题；牛奶、果汁、污染茶什么的我就不说了，大家都懂。只有啤酒，它的原材料、工艺，以及脆弱的本身，从本质上决定了它安全到不行了，哪怕是国产货。要知道，啤酒有一点点“脏”，特别是我们平时主要喝的工业大厂的啤酒，最普通的消费者都能喝出来，所以根本“脏”不了，绝对无毒无菌适合畅饮。精酿啤酒就更不用提了，价钱还特便宜。

所以，为了健康，多喝啤酒吧。

喝多了到底该怎么办？

说到酗酒，每个人都有喝多的时候，宿醉后的头痛，恶心，难受，让多少人发出过"这辈子再不喝酒了"的妄语，其实，只要掌握一点点小技巧，这些很大程度上都是可以避免的。

首先，你有点对酒的基本的认识和对生活质量的要求，别找假酒、劣酒喝。比如在大家熟知的很多中国式夜店里，几大土鳖元素之一，就是各种豪装的假酒，以洋酒居多，你"嘭嘭"猛灌自己这些烂酒，完了第二天头疼，能怪谁呢？假冒伪劣产品在生产过程中可以有各种问题，会通过不同的方式带给你更难受的感觉，所以这样的酒能免则免吧。

劣酒在广义上也包括了我们喝酒的方式，比如白酒局一般是和中餐一起进行的，那些油腻的食物会给你的身体造成更严重的负担；比如在一些以酗酒为主的酒吧里，各种简单的混酒大行其道，这世界上有多少无辜的朗姆酒被混入了可乐，有多少无辜的伏特加被混入了橙汁，这些劣质的含糖饮料加上高浓的酒精，会让你的身体更加痛苦。

但是，有时候假酒、劣酒也是无法避免的。有时候一般消费者是无法区分好酒坏酒的，别说洋酒、红酒了，就算现在刚刚兴起的精酿啤酒，也开始出现各种宣称是自酿精酿啤酒的劣质品，明显粗制滥造，不知道毁了多少新人对精酿啤酒的期待，一旦过量第二天头痛欲裂更是没商量，这些个时候，我们该怎么办呢？

国外有很多流行的治疗宿醉的方式，最常见的就是冲澡，完了一杯咖啡。还有使用很多“专用”的提神的沐浴液什么的，这些都有一定道理。醉酒之后皮肤表面是很恶心的，第一要务当然是冲干净让身体舒适，过量的酒精会影响人的认识系统，特别清新提神的沐浴露和咖啡，都能有效提神，但这些都是治标不治本的办法，当然，比起市面上各种所谓解酒药、保健醒酒品要靠谱多了。

那宿醉难受到底怎么回事？很简单，就是缺水和缺维生素等营养物质了。过量的酒精让你的身体严重缺水，为了代谢掉酒精，身体损失了很多营养物质，但这里面最重要的，就是失水。所以，要解决宿醉很简单，就是在喝酒的过程中以及喝酒之后，补充大量的清水。其他的所有方法都是扯淡，只有这个是最有效的，同时还简单不花钱。以我本人的经验来看，我会在喝了一晚上酒之后，喝掉至少1升的清水，中途还会穿插着喝几小杯清水，第二天从来没有过任何不适，一睡醒就神清气爽，可以立刻投入第二天的酒局，战斗力惊人。

除了喝水以外，适当补充维生素，也能有效地缓解酒后不适。国外有一种贴片，几美元一张，喝酒的时候贴在手上，第二天会好很多，就利用了这个原理，因为贴片号称可通过皮肤缓慢释放维生素，有效补充给身体。现在市面上很多啤酒是未经过滤含有酵母的，而酵母本身就富含各种维生素，它们不会让这个酒“更有营养”，但可以一定程度减轻过量酒精对你身体的伤害。当然，只要你适量饮酒，这些都没必要，好好享受生活就行了，不用考虑太多。

4.2 啤酒、葡萄酒与烈酒

我们了解了酒与健康的关系，就可以走出啤酒的误区，对于啤酒，喜欢就喝，只要不过量就行，喝酒的时候去关注营养价值是一件挺无聊的事。那这里就有个问题了，这酒反正也都喝了，如果确实有什么“营养”价值，不是更好吗？如果有的话，真的是葡萄酒最多吗？或者说，是不是喝什么酒都一样呢？

现代西方酒与健康的研究有一个爆炸点。1991年，美国第二大广播电视网CBS，在一个很有影响力的栏目里做了一期主题叫“法国悖论”的节目，说法国人吃得也不比美国人健康，也是各种油腻、各种乱七八糟，但你们看，法国人的身体素质各项指标就比我们美国人好多了，特别是心脏病发病率什么的就低得多，这是为什么呢？一定是因为法国人习惯喝葡萄酒，每天都来上几杯，而葡萄中含有的抗氧化成分对心血管是大大地好啊。

此节目一出，立即引发轰动效应，本来就爱喝酒的西方人，一听喝红酒还能延年益寿，一下就放得更开了，特别是红酒产业的相关公司，更是兴奋得如打了鸡血，本身就财大气粗，于是各种类似的宣传和相关的赞助研究纷纷开展,一夜之间喝红酒有益健康成了个普及概念,并进一步被媒体扭曲为“只”有红酒才有益健康,直到今天还有人对此深信不疑,中国人就更别提了,直到今天这还是主流观念,常听人说:我身体不行,平时不喝酒,来杯红酒还行。

西方民众相信科学,相信统计,这股风潮起来后,激起了科学界强烈的反弹,人们开始追问,真的是这样吗?!

在媒体上我们常常能看到类似的标题:××国科学家证实××有益于××,比如法国科学家证明红酒有益于心血管,印度科学家证实虫草有益于阳痿,等等。这是在偷换概念,把相关性替换成因果性,这是两个看似简单其实很容易混淆的概念。举个例子,鸡打鸣,天就会亮,所以鸡打鸣和天亮有相关性,但绝不是因果性,傻子才会觉得天亮是因为鸡打鸣不是?但一些媒体为了吸引眼球一般就会这么报道:科学家经统计发现,鸡一打鸣天就会亮,一定是鸡打鸣导致天亮!

这种说法看似荒谬,但一旦具体到生活实际应用中,特别是复杂的医学报告中,很多人就会被相关性迷惑了。比如前文提到的“法国悖论”。人们发现,这个节目看上去有理,实际上是废话,法国人的饮食习惯确实不比美国人健康,但他们更懂生活,比如工作压力小,更热爱运动,饮食更有规律,等等,那当然要更健康一点,他们只是碰巧是个爱喝葡萄酒的国家而已,但你不把这些变量排除掉,当然会得出这个“悖论”。后来丹麦的科学家也做过相似的研究,他们收集和研究了当地城市数千人两年间的超市购物小票，并跟踪这些人的健康状况，发现常在超市买红酒的人，比起常在超市买啤酒的人，平均健康状况确实要好一些，这说明了什么？当然不是红酒有益健康，而是发现，爱买红酒的人也更常买水果、蔬菜，速食和快餐食品买得相对少很多，购物小票的总花销也高一些，说明平均收入更高一些，这样的人群本身社会阶层就要高点，医疗生活条件就要好点，健康状况当然好一些；扣除了这些因素再做统计的话，发现红酒人群和啤酒人群并没有健康上的区别。这就是我们看到健康研究报道的时候，一定要明白，相关性和因果性是两码事。

这其实是关于酒与健康另一个很大的误区，很多人觉得葡萄酒贵点，所以肯定更有营养一点，其实这根本就是无稽之谈，全是被利益方给忽悠了，没有任何正经研究发现过在相同的酒精度消耗下，葡萄酒显示出比其他酒更好的地方。你想想也是这个道理，葡萄做出来的东西，凭什么就能比粮食做出来的更有营养呢？人离了葡萄没事，离了粮食可没戏。

是骡子是马，可以拉出来遛遛，在现代科技条件下，有多少“营养”，是可以测出来的。下面就是美国USDA的一张统计表，显示了一些主要营养元素在一杯普通啤酒和葡萄酒里的含量。

名称	单位	白葡萄酒(150mL)	红葡萄酒(150mL)	啤酒(330mL 普通啤酒)	参考摄入量(中年男性，每日)
水	g	127.7	127.1	327.4	3~7L
热量	cal	122	125	153	1800
蛋白质	g	0.1	0.1	1.64	56
脂肪	g	0	0	0	
灰质	g	0.29	0.41	0.57	
碳水化合物	g	3.82	3.84	12.64	120
纤维素	g	0	0	0	38
糖	g	1.41	0.91	0	
钙	mg	13	12	14	1000
铁	mg	0.4	0.68	0.07	6
镁	mg	15	18	21	350
磷	mg	26	34	50	580
钾	mg	104	187	96	4700
钠	mg	7	6	14	1500
锌	mg	0.18	0.21	0.04	9.4
铜	mg	0.006	0.016	0.018	0.7
锰	mg	0.172	0.194	0.028	2.3
硒	ug	0.1	0.3	2.1	45
维生素 C	mg	0	0	0	90
硫胺素	mg	0.007	0.007	0.018	1.2
核黄素	mg	0.022	0.046	0.086	1.3
烟酸	mg	0.159	0.329	1.826	16
泛酸	mg	0.066	0.044	0.146	5
维生素 B_6	mg	0.074	0.084	0.164	1.3
叶酸	mg	1	1	21	400
维生素 B_{12}	ug	0	0	0.07	2.4
酒精	g	15.1	15.6	13.9	30

需要注意的是，不管是啤酒还是葡萄酒，这些营养值的变化都可以非常大，这里只是个典型值，特别是精酿啤酒，里面的很多值都会再高一点。我们可以看到，你很难看出哪个酒就一定比哪个酒“更好”，一定要比的话，啤酒可是占据了明显上风的。

人们对葡萄酒最常见的误解是觉得它对心血管有好处，这句话只对了一半，就是带来这个好处的主要成分，是在其他所有酒类中都有的酒精本身而已。酒精是最重要的有效成分，它的载体并不重要，喝葡萄酒还是啤酒或是烈酒都一样，只要适量就行。

适量的酒精饮用都已被大量的统计发现对降低一些疾病的发病率有明显的效果，比如心绞痛、动脉硬化、血凝块，到高血压、冠状动脉以及各种心脏病，包括其引起的中风。在各种人群、各种年纪的统计中，都找到了这种相关性，虽说影响心血管疾病的因素极其繁多，但适量的酒精摄入却是现在为数不多的在严肃医学界达成共识的能有效降血压并对抗心血管疾病的手段，有的研究发现其像吃新鲜蔬菜、水果一样有效。甚至在肥胖人群中，也发现了适量饮酒的人群有更低的心脏病发病率，就像前面U形图所示的一样。

现在也有大量的研究发现了其中医理上的联系，比如酒精的摄入，哪怕过量，都会导致人体中tPA酶（组织型纤溶酶原激活物）的增加，而tPA酶是负责血纤蛋白溶解的成分，这能有效地预防血凝块以及由其导致的心脏病和中风。

其实除了酒精之外，也有很多研究表明，葡萄酒中有一些“特殊”成分，在理论上讲确实也可能对心血管有好处。比如有研究“发现”，红酒中含有大量的抗氧化剂，确实能清除一些胆固醇，对心血管应该有好处。但问题在于，红酒含有多少，和人体能吸收多少，这是两码事。实际上，红酒中抗氧化剂分子较大，人体的吸收率很低。有研究报道，如果一个人想通过红酒去吸收能起到作用的抗氧化剂含量，那他需要在一天内至少喝掉90瓶红酒！而现在的研究已有证实，很多啤酒中同样含有大量的抗氧化剂，并有很高的吸收率，伦敦海湾医院的医生已证实，啤酒中部分抗氧化剂的含量和吸收率，甚至高于公认的等量健康蔬菜番茄！

葡萄酒还常被宣称富含白藜芦醇（Resveratrol），它常被称作酒中精华，这是很多人宣传红酒健康时常提到的东西。这种物质理论上对动脉硬化和肥胖症有一定疗效，这在被注射白藜芦醇的小白鼠身上也得到了证实，可问题是，和上面的情况一样，人体要从红酒中得到这种剂量的白藜芦醇，得每天喝掉1 000瓶红酒，更不用提可以从其他水果中直接得到这种物质了。再者，对啤酒爱好者来说，好消息是比利时的鲁文大学已经从啤酒花中提取出了这种物质。所以，是的，如果非要说白藜芦醇有用的话，那一杯IPA的含量绝对比等量红酒高多了。

除了心血管效果上的误解，葡萄酒常被人和高档场合或者一个浪漫的环境、美妙的约会联系在一起；而啤酒就是低档商业水啤，所以坊间也有说法是葡萄酒比起啤酒更助“性”事。这更是一个莫名其妙的说法。医学研究早已证实,酒精在一定程度上能让人觉得异性更加“吸引人”,但酒精是在葡萄酒里还是在啤酒里还是在什么酒里并不重要,完全只是因为你在“醉眼看人”而已。酒精更不会对性能力产生影响。实际上,研究发现,要让酒精在生理上影响到人,特别是男人的性能力,那酒精摄入量早已可以致命,所以,下次“不行”的时候,可不要再以自己“喝多了”为借口了。

酒精和癌症也有一些很有意思的联系。其实在国内谈癌症是个很沉重的话题,中国是世界上最大的吸烟国,绝对数量和相对数量都可以秒杀其他任何国家,而烟草又是公认的第一大致癌物,每年多少人直接、间接地死于烟草,更危险的是,国内松散的烟草管理制度,让二手烟也成了第二污染源,伤害了很多国人。这还不够,中国一些地方的污染空气、污染水、残留农药等问题,都让癌症成了国内几乎最大一个杀手。在这样的背景下,考虑酒精与癌症的关系其实是个没有多大意义的话题。

不过我可不是在说酒精致癌,事实上,哪怕在发达国家,酒精在癌症诱因里也是排不上号的角色,但是,不管在哪个国家,一旦谈论起酒精和癌症的关系,因为这两个名词的敏感性,就都迅速地成为一个必须“政治正确”的话题,所以,在发达国家的很多官方报道里,要么就不提酒精,要提也是说发现“过量酒精”“可能致癌”。

其实和其他疾病一样,几乎所有的癌症种类,哪怕是被人认为是酒精能起很大作用的肝癌、喉癌等，适量的酒精饮用都和更低的发病概率联系了起来，具体的机制众说纷纭，但这个相关性在严肃的学术界是早有共识的。只是因为“政治正确”问题，公众很少从官方渠道看到相关消息。

更重要的是，不管是葡萄酒还是啤酒，都已发现能抑制癌细胞的抗氧化剂，令每一个啤酒爱好者高兴的是，早已发现在啤酒花中一些类黄酮物质能有效地杀灭一些癌细胞。我不是在说IPA可以抗癌，而是你完全不用担心饮酒对癌症的影响而已。

众多的癌症报道中，似乎只有对乳腺癌的研究中，关于酒精和发病概率的关系争论较大。对此，我查阅了大量资料，但并没有发现有任何共识。每有一篇说酒精哪怕少量酒精能增加发病概率的文章，就一定能找到一篇说能降低发病概率的文章。只能说，酒精真是没什么关系，而酒精的载体是葡萄酒还是啤酒，就更是完全没有影响了。

癌症、心血管疾病什么的，可能离很多读者远了点，说点与大家密切相关的，比如感冒。

不出所料的是，同样有大量的研究，表明适量的酒精摄入能非常有效地预防流行性感冒，“非常”到什么地步呢？大多数的研究表明，每天适量饮酒的人，被传染感冒的概率，被整整降低了65%~85%！适量饮酒是如此有效，以至于在美国医学联盟周刊（JAMA），这种必须政治非常正确的期刊上，也有过这样的文字：“……吸烟、低睡眠质量、不喝酒、维生素C缺乏等会导致较高的感冒感染率……”注意，这是说的“不喝酒”！

同样不出所料的，大部分研究表明，不管是喝葡萄酒还是啤酒，只要每天有适量的酒精摄入，都和很低的感冒发生率联系在了一起，没有哪种酒显示出高人一等的特性。当然也有例外，西班牙就有过几所高校里的实验报道，发现只有喝红葡萄酒才显示出对感冒在统计学上的抵抗性，西班牙人的不靠谱众所周知，这篇文章的意义我持保留态度。不过这样的文章是财大气粗的葡萄酒业公司所喜欢的，很多媒体上都能找到这个报道，不知道他们是怎么样知道这种小文章的。

日本就有过完全相反的研究报道，他们发现只有啤酒才能有效增强感冒抵抗力，和西班牙人不同的是，日本人不仅仅是在统计学上证明了这一点，还通过大量的分析找出了原因：就是啤酒花里的一种酚类物质。他们甚至还把这种物质提取出来加入感冒药里，以三得利啤酒为样本，他们的结论是喝30杯三得利，就能摄入足够的抗感冒成分，不要以为30杯很多，三得利的啤酒花含量很低的，换句话说，你只需要喝3杯重口味的IPA，你摄入的啤酒花含量就足够抗感冒了。（3杯已经过量了，所以这仍不是抗感冒的方法。）

各种溃疡也是常见病，是的，你猜到了，适量的酒精摄入也被发现和更低发病率联系起来了。在过去，胃溃疡的主要成因被认为是精神压力大导致的胃酸分泌过盛，这时酒精的作用就来了，再忙再累，和朋友来两杯美酒，压力当然小了很多。但现在的研究早已证实，溃疡的最主要成因,还是一类特殊的细菌感染,而酒精对这些细菌能在统计学上产生明显的抑制作用。

各种结石现在也是常见病,笔者身边就有很多人深受其扰,同样的,适量饮酒的人群都在医学调查中展现了较低的发病率,特别是肾结石。有研究发现,常喝酒,特别是常喝啤酒的男性,发病率能降低50%以上。有一种理论是说酒精,特别是啤酒,会增加人方便的次数,增加了体内的“流动”和“冲洗”,自然结石就少了。

人上了岁数后一些病痛难免就更多地找上门来了,这个时候酒精对人体的帮助就更明显了。

中老年有一种常见病——痛风。这让很多中老年人远离了啤酒,痛风是因为体内尿酸的积累,而酒精和嘌呤妨碍尿酸的分解和排出。啤酒,作为酒类中嘌呤含量最高的一种,当然受到了牵连。可问题在于,酒类中嘌呤含量最高,和嘌呤含量高,这是两个概念啊。红酒确实不含嘌呤,但它却有更高的酒精含量,那不是一样也“导致”痛风吗?

其实痛风是历史极为悠久的一种常见病,在欧洲古代被称作“国王的病”,因为它最主要的成因就是吃好喝好了。痛风最常见于中老年男性,受遗传影响很大;另外一些药物的服用和一些疾病也都会导致痛风。饮用啤酒的习惯在痛风成因中是根本排不上号的,下表就是我选的一些典型国家的数据,不管用什么统计方法,你都会发现,痛风的发病率和啤酒消耗量完全没什么相关性,啤酒对痛风发病率的影响完全可以忽略不计。

国家	捷克	中国	美国	英国	印度	日本	德国	瑞典	意大利
人均啤酒消耗量（L）	149	32	77	69	2	43.5	106	53	29
痛风发病率（%）	0.3	1.14	0.5	1.4	0.15	0.14	1.4	1.3	0.46

那已经得了痛风的人，还能不能喝啤酒呢？这其实也是个伪命题，就像一个胖子说，我想减肥，是不是应该少吃肉了：肉当然得少吃，但更重要的是一个健康的生活方式，多运动，多吃新鲜蔬菜、水果，少吃甜食，少吃宵夜，这些才是更重要的。痛风患者啤酒该不该少喝？当然该，但痛不痛风都该适量喝酒不要过量，比啤酒有更多酒精或更多嘌呤的东西多了去了，但更重要的是全面审视自己的生活方式和饮食习惯，根本不必单独把啤酒拿出来说事儿，事实上在发达国家正经医院治疗痛风，医生都不会专门把平时喝酒拿出来说事儿，更不会说到啤酒。

与啤酒和痛风相关的说法中最常见的就是海鲜不能配啤酒，事实上，海鲜不仅能配啤酒，而且很多海鲜和啤酒还是经典绝配。同样的道理，如果你没得痛风，根本不用担心，比这严重的事儿多得去了，但如果已经得了，你确实该少吃，但其实你更应该操心别的东西了，遵医嘱吧。

对于另一种“富贵症”——糖尿病，适量的酒精饮用却被发现了和该病发病率有强烈的逆相关性。早在20世纪后期，就出现了大量的医学统计，适量饮酒的人，在排除了年龄、收入、生活习惯等因素的统计干扰后，糖尿病发病率特别是2型糖尿病明显较低。也有大量的医学实验发现，就算是患有糖尿病的人，适量饮酒后，身体的血糖并没有什么明显的变化。医学界不仅发现了适量饮酒和糖尿病发病率的统计学关系，也找到了重要原因之一，就是适量的酒精摄入能有效控制体内胰岛素。同样的，并没有什么研究发现酒精的载体能起到什么作用，不管是啤酒还是葡萄酒，都能有效地抵抗糖尿病，酒精是唯一起作用的成分。

对于一些病后手术的人，术后恢复也是个大课题，特别是中老年人，本身恢复就很慢，这个时候，适量的酒精摄入，会不会带来一些什么好处呢？这个领域比较偏门，但其实也有了一些统计报告，有腰椎间盘手术的主刀医生花了数年时间跟踪统计了数百位他的病人的术后康复情况，结果不出意料地发现，术后有喝小酒习惯的病人，康复情况“明显”更好，虽说他发现喝红酒的效果最好，但他也承认并没有排除其他生活因素的干扰，很可能就是前文所说的另一种“法国悖论”而已。

在中老年人常见的骨质疏松上，啤酒就有明显的好处了。首先，任何酒里的酒精，只要适量，都能显著改善骨质疏松，人骨头里的矿物质浓度（Bone Mineral Density，缩写BMD）是可以测定的，所以早就有了各种研究，调查不同人群在不同饮酒量的时候BMD的变化，结果发现适量饮酒的人有更高的BMD，有报告发现，哪怕没有饮酒习惯的人，喝酒之后BMD也有提高。

其次，啤酒，特别是一些精酿啤酒，富含钙、维生素等，尤其富含硅，这是其他酒里所没有的东西，所以酒你反正也是喝了，还补充这些进去了，骨头当然就更结实了。意大利在十几年前还曾有过研究表明，啤酒花中有一种物质，能有效减缓骨质疏松的速度。当然，虽然理论上讲你喝得越多就补得越多，但过量的酒精带来的其他危害就把这些好处都抵消了，适量仍然是最关键的。

酒精对中老年人不仅有这么多的好处，它本身也是个抗衰老的良药，也能显著地提高预期寿命。古往今来，世界各国、各地，人的寿命是被统计得最多的医学数字之一，而所有的科学统计，都显示出适量饮酒的人群有较高的预期寿命，因病死亡的概率也能被降低10%~40%不等，主要原因也是前面讲过的，酒精对于心血管有显著的好处。同样，并没有什么结论发现哪种酒会更有优越性，酒精，仍然是主要的成分。

适量酒精不仅延年，更益寿，适量酒精能活跃认识能力，延缓老年痴呆。有研究表明老年痴呆的发病年龄在适量饮酒的人群中要晚至少3年以上。同时，一些研究也发现，在中老年人的认知能力上，过去喝酒现在戒酒的人群表现最差，还不如酗酒和根本不喝酒的人群，所以，你看你家人上年纪了让他（她）戒酒时，你知道你在害自己人吗？我们国家现在正在快速进入老龄化，很多三口之家都有四个老人要赡养，如果我们都能认识到适量酒精是健康食品这一点，也算是本书给这个社会做了个大贡献了，每每想到这点，我就激动不已。

再次强调，写了酒，特别是啤酒的这么多好处，并不是让你去喝酒，而是让你意识到，啤酒，只要适量饮用，那就是一个非常好的健康食品，可以作为我们生活的一部分，就像蔬菜、水果一样。比如你可以把它想成苹果，如果你不爱吃，那就不吃，你可以从别的地方得到苹果里的“营养”，但你如果不排斥，甚至喜欢，那每天来上一两个，至少在统计学上，对你身体可是好处多多的。而且酒比起所有食材都要好的一个方面是，它在精神上也可以极大地愉悦你，特别是当你选择了一杯爱喝的酒的时候。

这一节说了这么多酒和啤酒的“好话”，都归纳自发达国家相关研究，出处都可以在本章最后的参考文献中找到。但我想再次重点强调这一点，所有的这些“好处”，前提都是适量饮用，保持每天一两杯，不是平时不喝酒周六喝七杯平均成每天一杯，也不是偶尔喝一两杯，更不是干脆不喝酒或是天天不醉不归，而是坚持天天只来上一两杯，真正地把酒当成你生活的一部分。没事来一杯,就对了。

最后,回归主题,这一章我做个总结陈词,希望大家推广:

1.任何酒类生产和销售商,如果以营养价值为酒的宣传点,就是土和对消费者极不负责任的行为。

2.任何消费者都不应因为酒类饮料的“营养”价值,改变自己的生活和饮酒习惯。

3.酒,作为美食的一部分,是让你生活更加美好、让你愉悦的强有力工具,这应该是我们喝酒的唯一理由。但它同时也确实有一些营养上的好处,但这永远不该成为你喝酒的理由,只是顺带的好处。

4.每一个人都该尽量控制酗酒行为的发生,提倡适度饮酒的健康生活方式。(在这一点上,我承认我做得很差!)

5.我虽然极力反对讨论酒的“营养”价值,但如果非要比的话,啤酒,特别是精酿啤酒,不输于,甚至超过任何酒类。

本章参考文献

www.vpninja.com

www.google.com

Tim Pilcher. The Incredibly Strange History of Ecstasy [M]. The United Kingdom: Running Press, 2008.

Gene Ford. The Science of Healthy Drinking [M]. California : Wine Appreciation Guild, 2000.

Jack Herer. The Empire Wears No Clothes [M]. United States : Ah Ha Publishing , 2000.

Charles Bamforth. Grape vs. Grain [M]. Davis : Cambridge University Press, 2008.

Mark Sinderson. Beyond the Twelve-Ounce Curl [M]. Georgia: Ascent Press, 2011.

Frederick M Beyerlein. Drink as Much as You Want and Live Longer [M]. USA : Paladin Press, 1999.

Frank Dikotter, Zhou Xun. Narcotic Culture: A history of Drugs in China [M]. England: The University of Chicago Press, 2004.

Paul Gahlinger. Illegal Drugs: A Completed Guide to Their History, Chemistry, Use and Abuse [M]. USA : Plume Press, 2003.

Cynthia Kuhn. Buzzed: The Straight Facts About the Most Used and Abused Drugs from Alcohol to Ecstasy [M]. USA: W.W. Norton & Company, 2014.

Amitava Dasgupta. The Science of Drinking: How Alcohol Affects Your Body and Mind [M]. USA: Rowman & Littlefield Publisher, 2012.

Iain Gately. Drink: A Cultural History of Alcohol [M]. USA: Gotham, 2009.

Peter Boyle. Alcohol: Science, Policy and Public Health [M]. UK: Oxford University Press, 2013.

Charles W.Bamforth. Beer: Health and Nutrition [M]. UK: Wiley Blackwell, 2014.

结语

我相信把这本书读到这里的人，只会有一个感受：渴。写这本书的时候，这也是我最大的困扰，写到什么酒就想喝点什么酒。一个有严重拖延症的酒鬼来写这本书，真是一个巨大的挑战，我也再次谢谢大家的支持。

现今世界，不仅啤酒，各种各样的酒精类饮料、茶酒、果酒、蜂蜜酒以及各式烈酒，也都出现了摆脱工业生产追求特色化本土生产的势头，并且出现了各种融合和跨界……酒，这个对于大多数人来说最美妙的一种东西，正变得前所未有的妖娆，而酿酒师，这一人类最古老的职业之一，正重新变得高大上起来，美味的艺术和酿造的工业美学，正在重新融合。

本书虽然大力赞美各式啤酒，而且我作为一名职业啤酒酿酒师，以喝啤酒和酿啤酒为生，同时就像书中写到的一样，我也坚持认为，因为啤酒可怕的广度和复杂度，它是世界上最有意思的一类饮品，但我从来没有觉得啤酒比其他酒种更"高级"，或者更"厉害"，因为酒种本身并没有高下之分，不管什么样的酒，都是不同风味的载体而已，我们是在追求酒精和这些酒精的载体带给我们的快感，而不是什么具体的酒种。除了啤酒，我热爱所有的酒，特别是成为酿酒师后，我把我对酒的研究扩展到了所有的酒类，我的厂房里有各式各样的酿酒器、蒸馏器，各类酒的实验品，你听过的没听过的酒，都是我饮用和酿造的对象，也都是我喜欢的对象，各式蒸馏酒，特别是金酒，各式发酵酒、啤酒、果酒、葡萄酒、蜂蜜酒、茶酒、米酒，甚至一些史书中记载的原始酒，都是我感兴趣的对象；我也时常参加一些烈酒、葡萄酒的品评聚会和培训班，也常出没于很多没有啤酒的酒吧，家里收集了数百本各式酒类著作。

这样做，除了个人喜好，还有一个很重要的原因：对一个啤酒发烧友或一个酿whatever酒的酒师来讲，研究其他的酒种，最大的好处就是激发灵感，提升品位，并且丰富自己的品酒水平和酿酒技艺。我们出过很多爆款啤酒，都是和其他酒种的大融合之作，比如采用法国波尔多地区的葡萄酒酵母发酵的法式啤酒，还有用非洲壮阳草药作调味剂的古典埃塞俄比亚啤酒，等等。事实上，很多的酿酒大师和各类酒的品鉴大师，都是精通多种酒类的，比如之前介绍过的，精酿啤酒品鉴分类的祖师爷——麦克尔·杰克逊大师，同时还是当代威士忌酒品鉴推广的大祖师。

我说这些，是觉得买本书的一定是好酒人士，对每一个爱好美酒的人，就像品精酿啤酒时应该有一个开放的心态一样，对待每一种酒也应该有一个开放的心态。精酿啤酒的世界都如此广博，更何况酒呢？每一点的学习，都可以让一个酒鬼的生活，变得更加美好。

当今世界的啤酒是如此的美妙和变化多端，以至于本书写作的这三四年里，不管是在欧洲、美国、日本等地，还是中国，精酿啤酒的世界又有了巨大的变化和进步。令人欣喜的是，中国的精酿更是出现了大爆发的迹象，纵使像中国很多其他新兴行业一样，也开始出现一些损害行业发展的事情，如抄袭同行、欺骗消费者、恶意诋毁，等等。但幸运的是，这个行业在这几年吸引了太多的人才，这里面很多人都已经在其他行业中证明过了自己，然后凭着一腔热血和对美酒的热爱，投进了精酿啤酒行业，他们带来了这个行业最需要的多元化和创新能力，并且大多都有着疾恶如仇的价值观，这在很大程度上也保护了这个行业的健康发展。

而这个行业更需要的是每一个消费者，就像本书一开篇讲解精酿啤酒的定义时提到的一样，只有当更多的精酿啤酒爱好者都明白精酿的文化性，知道自己到底在“喝”什么，知道该支持什么和保护什么，我们自己才会有更多的消费权益和消费选择。中国的精酿啤酒注定“万花齐放”，只要从你我做起，保护好“精酿”这两个字，我看不到“中国啤酒”不能成为世界上顶级啤酒的任何理由。

再回到本书，这不会是我啤酒写作的终结，阅读和写作一直就是我的爱好，《牛啤经：精酿啤酒终极宝典》会成为我的三部曲丛书的第一部，接下来，我会为精酿从业人员和家酿爱好者介绍更多酿造本身的东西，和大家一起酿出更多好酒，所以下一部《牛啤经：特色啤酒酿造指南》会把重点放在特色啤酒的介绍和酿造上，也是我在过去近十年酿造过上百种不同风格的啤酒后，给自己的一个总结，希望这次不要再拖上四年。

另外，按惯例：本人水平有限，本书保证出现了众多的偏差和错误，针对本书的任何（有理性和有逻辑的）讨论或勘误，以及我个人的一些更新和文章，都非常欢迎大家通过订阅微信公众号NBeerBible来和我沟通，或浏览网站www.nbeerbible.com，再次谢谢大家的支持。

干杯！

附录　啤酒常见问题 Q&A

我知道有很多常喝酒但很少喝精酿啤酒也完全不懂啤酒的朋友，为了让他们快速地对精酿啤酒产生兴趣，并且简单入门，这里我归纳罗列了20个入门常见问题的简单解答，其实内容在书中都有提及，但在这里做一个快速总结，目的就是让人快速扭转偏见并树立关于啤酒的正确概念。

Q：哪种啤酒最好？哪里产的啤酒最好？

A：如果一个人告诉你哪种啤酒最好，那么他要么不懂啤酒，要么是个装X的偏执狂。啤酒拥有世界上最复杂的多样性，只有你最喜欢的啤酒，没有最好的啤酒。

Q：精酿啤酒到底是什么啤酒？自酿啤酒又是什么？

A：自酿啤酒是个伪概念，什么叫自酿？百威啤酒是百威自己酿的，青岛啤酒是青岛自酿的，牛啤堂啤酒是牛啤堂自酿的，所有啤酒都是自酿的，只是设备大小和控制程度不同。精酿啤酒更是一种文化，强调多元化、本土化带给我们更好的生活，以及在美食、美酒这样的“艺术”领域对工业化大生产的抗拒。

Q：我喜欢喝黑啤（白啤），这啤酒的颜色怎么来的？

A：这个世界没有“黑啤”，只有黑颜色的啤酒，但啤酒的颜色只和颜色有关，和它的酒精度、口味、香味以及任何一方面，没有任何直接的关系。很多完全不同的啤酒都可以是黑色的，所以黑啤这个概念是不存在的。啤酒的颜色也是五花八门什么都有，所以啤酒不是用颜色来区分的。啤酒的颜色主要来自所使用的麦芽的颜色，比如深色的啤酒一般是用了一些烤煳的麦芽而已。当然，因为啤酒的多样性，颜色完全可以来自别的东西，比如各种水果等。

Q：那啤酒到底分成多少种？

A：对你个人来说，就分你喜欢的和你不喜欢的。从文化上来说，可以分为精酿啤酒和工业啤酒。在口感上可能分无数种，但美国酿酒师协会将其归纳到了100种左右，我们国内常见的几乎所有啤酒，都只是其中一种：工业辅料拉格。这可以说是其中最“低档”的一种。有人将啤酒按发酵方式分，说是有艾尔型酵母上层发酵和拉格型酵母下层发酵，这是不科学的，因为不是所有的艾尔型酵母都上层发酵，也不是所有的拉格型酵母都下层发酵，有很多混合发酵以及非酵母发酵，怎么发酵的也并不代表明确的口感。

Q:啤酒的“度数”是什么意思？常见的比如青岛、燕京宣传说是8度啤酒，10度啤酒，是指酒精度吗？

A:度数指酒精度，Alcohol by Volume，缩写ABV。国内一些啤酒宣传的度数是指麦芽汁在发酵之前的密度，以P为单位，比如燕京8度啤酒是指发酵前的麦芽汁密度是8P，并不是指酒精度，8P的酒酒精度最多3%左右，酒精度的标注一定会打上这个%。像一些高度数的精酿啤酒，度数会到10%以上，这些酒的麦芽汁密度会在20P以上。

Q:酒精度的高低和啤酒好坏有关系吗？

A:不同风格的啤酒有不同的酒精度要求，比如英式苦啤(British Bitter)最低就在3%左右，比普通工业啤酒还低。酒精度只是酒的一个特性，并不是好坏的指标，和好坏没关系。

Q:啤酒怎么喝？

A:最简单的，找个干净透明玻璃杯，倒出来喝就可以了。因为啤酒的香味、观感，都是经过设计的，这是对着瓶喝喝不出来的东西，必须倒出来。

Q:啤酒的香味从何而来？

A:啤酒的每一种原料，麦芽、酵母、啤酒花和有可能添加的各种香料、水果等，都会带来自己的香味，可以说，因为啤酒原料的多样性，没有什么饮料的香味能比啤酒更复杂的了。

Q:怎样入门精酿啤酒?

A:熟读本书,多喝啤酒,多有针对性地喝啤酒,还有多交朋友,朋友越多喝酒的借口也越多不是?

Q:刚入门去哪里买啤酒?买什么酒最靠谱?

A:各地不一样,可以去当地专业的啤酒吧,和过来人多聊,少走弯路。

Q:喝扎啤还是喝瓶啤?

A:扎啤桶比起瓶子,从理论上讲,可以更好地保护啤酒,而大多数啤酒都是越新鲜越好,所以一般首选扎啤。但扎啤系统的设计和保养对扎啤能产生极大的影响,国内现阶段很多地方的扎啤甚至还不如瓶啤好,就是因为国内现在的扎啤系统还不过关。所以,如果是在一个专业靠谱的啤酒吧,在对品牌没有特殊偏好的情况下,肯定首选扎啤。

Q:通透的啤酒与浑浊的啤酒有什么区别?

A:大多数的啤酒,不管是深色还是浅色,都要求清澈,不能有悬浮物。但有一些啤酒风格,特点就是要保留一些悬浮物,特别是酵母,比如最经典的德式小麦啤。

Q:我自己在家里也可以酿酒吗?麻烦吗?难吗?

A:家里酿啤酒非常简单,你能学会炒菜就能学会酿酒,只是除非你多学多练，否则可能酿出来的酒不太稳定，但只要你做好了灭菌工作，做事细致一点，那酿出来的至少比市面上大多数的商业啤酒要好喝。这样花费也很低，每杯酒的原料费，哪怕都用进口的，也就最多几块钱。设备也可以很便宜，淘宝上1 000块左右就能搞定，国产的现阶段也不靠谱，可以买进口的，价格会贵很多，但使用起来非常顺手。除了网上学习，还可以买《喝自己酿的啤酒》一书，这是国内唯一一本中文家酿啤酒教科书，还可以参加各地的家酿啤酒爱好者俱乐部。

Q：我自己家里酿的酒很好喝了，我也开个自酿啤酒屋或是小酒厂，可行吗？

A：当然可行。首先，这个世界有很多，甚至大多数精酿啤酒师，都是家酿啤酒爱好者出身，这不妨碍他们酿出顶级的啤酒。其次，包括我自己在内，我认识的精酿啤酒师里，没有谁后悔选择了这个职业。但问题是，你需要注意，商业酿造和家庭酿造是两回事，你关注的点，需要掌握的知识，是完全不同的，也是很难完全自学的，你要确信你真的喜欢啤酒，愿意为了啤酒去做更深入的学习和研究。另外，国内建啤酒厂，甚至在某些地方建个自酿啤酒酒吧，还有诸多障碍，甚至不可逾越，对这一点要有充分的思想准备，你懂的。

Q：喝啤酒对身体到底好不好？红酒的营养价值是不是更高？

A：啤酒就是日常饮食的一部分，只要不过量，当然有好处，这是医学统计界的共识。我们反对喝酒时讨论营养价值，这是舍本逐末，但如果一定要比，啤酒，特别是精酿啤酒，营养价值在很多方面不输任何其他酒种。

Q：去酒吧该怎么点酒？

A：很多朋友不常去酒吧，或者不太懂啤酒，现在很多啤酒吧里啤酒多到让人眼花缭乱，你根本不知道该怎么点。其实诀窍只有一个，就是坦承自己不懂，让店员给你推荐就行了，千万不要不懂装懂，或是自以为懂。就算我去很多酒吧，也会先让店员给我推荐。首先问问有没有什么特色啤酒，然后描述下自己想要的口味，这是选到适合你的啤酒的最快、最好的办法。